我，好嗎？

海裕芬／著

走入海芬的深夜小廚，
佐一道香酸鹹辣人生百味——

自序

給已經當大人好久的自己，一頓宵夜獨處的時間

「我，好嗎？」是一本給大人的童書，是三十道勾出心底真心話的下酒菜食譜。

長大，好難，又不得不長大，當必須武裝自己面對世界時，心裡的那個孩子跟得上自己的偽裝嗎？小時候的自己，會如何跟大人對話？早就長成大人的自己，是否找到了幼時那些充滿疑問的解答？當小孩真的無憂無慮嗎？長大就能實現夢想？

遇到熟與不熟的人時都會隨口關心：「你好嗎？」那麼，是否有常常問問自己：「我好嗎？」望著鏡子裡的自己，關心的只有儀態、容貌，那心呢？有沒有思考過，也許，心正在為了維持別人眼中的堅強而苦惱？

大人的生活，都用好聽話包裝真心話，到底在對方心中的真實評價如何？那句「覺得……我，好嗎？」，是多不容易問出口；即使開口問了，也害怕聽到真實的答案，因為自己說不定也在轉身後，露出對別人的不耐。

總在幾杯過後，掩飾不了當大人的委屈，想念曾經吃不到糖就能耍賴大哭的自己，大人只能藉酒裝瘋？還是也能藉著幾道下酒菜，勾出心底話，安撫那些依舊像個孩子般想要被呼呼秀秀的痛？

給已經當大人好久的自己，三不五時來一頓宵夜獨處的時間，一碟下酒菜，兩三瓶喜歡的飲料，給自己幾個問號：「我，好嗎？」說真的，問問自己「都好嗎？」，不用假裝，不要說謊，想哭就哭，最在乎自己的就是自己了啊！

輯一／

大人的世界，能簡單純粹嗎？

輯三／

心裡，還住著那個小孩嗎？

輯四／

原來，
那時心裡下起一場雨……

輯五／

轉念的善意，是照亮希望的微光

輯一

大人的世界，
能簡單純粹嗎？

生存的必要技能
也包括了城府心機吧

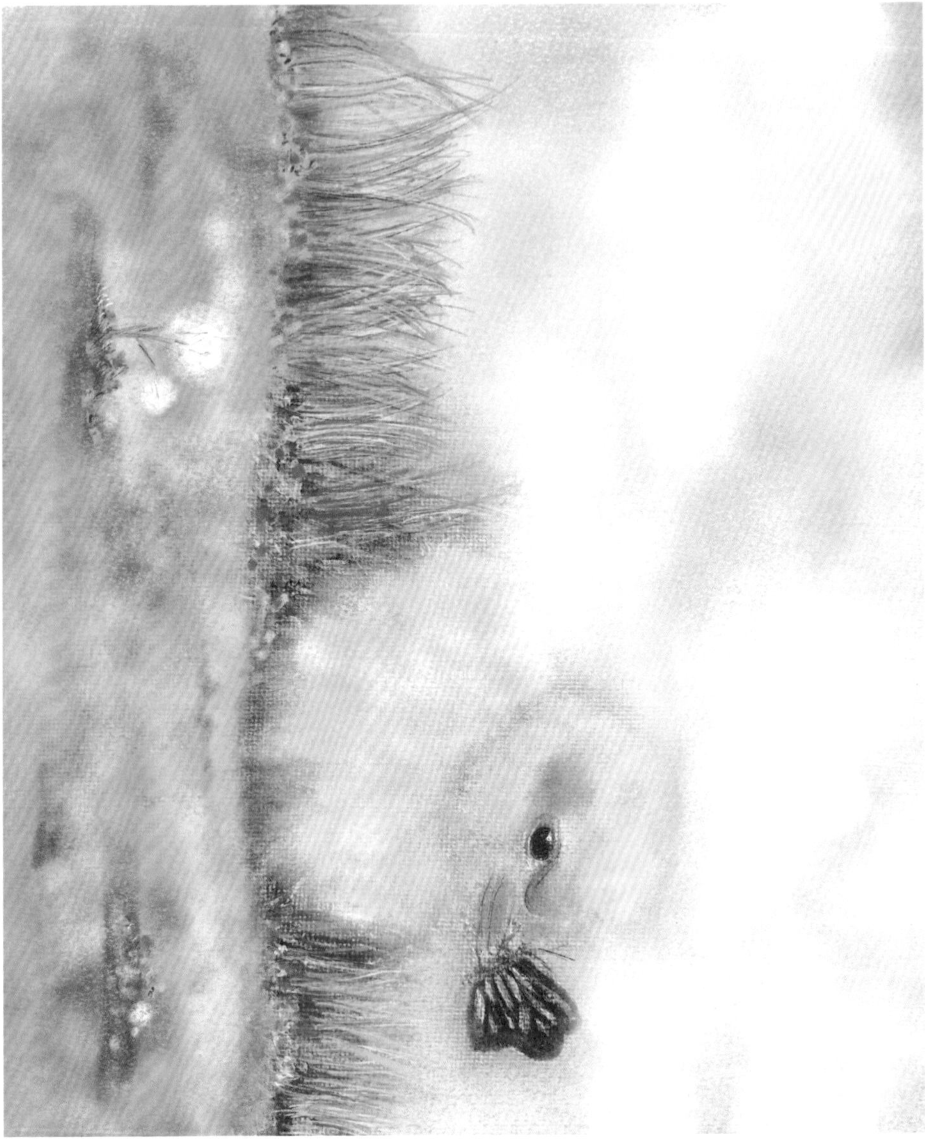

小雞與蝴蝶

一瞬間的巧遇

那一天
這麼偶然的
沒有安排好的相遇
回想起來
卻是充滿驚喜的可愛互動

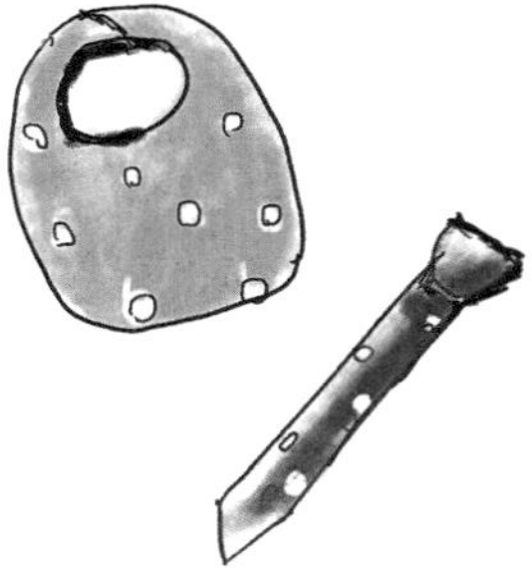

- 「為什麼沒有約好，卻可以遇到啊？」
- 那就是緣分吧！
- 「什麼是緣分呢？」
- 那是人事物之間一種特別的連結！
- 「緣分長什麼樣子咧？」
- 緣是抽象的，看不到也摸不到！但是，彼此有了緣分，就有了關係；有了關係，就有了感情；有了感情，就有了羈絆。緣分越深，糾葛越多！

是該相信緣分吧？
初次見面就莫名熟悉，
一見如故心靈相通，
一見鍾情的美好，是難忘的、特別的。

現在，
更能感受到真的有看不見的緣分牽引，
不是強求就可以留下每種感情。

感情濃時，
能有默契地說出同一句話，
迷上一樣的影集和偶像，
連肚子咕嚕叫的時刻都能一樣；
當緣分淡了，
一切的理所當然變得強人所難，
相敬如賓的環境瀰漫著尷尬的空氣，
那些巧合，曾經的不期而遇，
在分開之後，
像是被下了相斥的咒語，
即使是彼此最常經過的路口，
怎麼就再也遇不到了呢？

如果，當時就知道緣分是有保存期限，
那會不會更小心翼翼地保護好？

清炒川耳蒜苗茭白筍

黑與白的美味融合

食材

蒜……3 瓣
川耳……15 朵
蒜苗……半根
茭白筍……3 條

調味料

鹽……1 小匙

步驟

1. 將蒜切成末，茭白筍切斜片，蒜苗切片備用。
2. 蒜末爆香，與茭白筍、川耳快炒約 30 秒。
3. 加一小匙鹽，與鍋內食材拌勻。
4. 起鍋前，再拌入切片的蒜苗即可。

一起衝鴨！

衝向未來的小腳丫們

只要在一起

就會湧上那股傻勁兒

去山洞冒險

去瀑布挑戰

去鬼屋好像都不怕

「怎樣才算是好朋友？」

其實能交到朋友就很難了耶。

「要怎麼分辨真假朋友？」

先問自己有沒有付出真心吧！

「那什麼是真心？」

也許是不算計、不揣測、不利用、不自私、不矯情之類的……

純粹的友情，應該是不用討好，
真心付出也是一種彼此珍惜的表現。
還沒意識到利益衝突的相處，
就沒有那些奇怪莫名的防備；
覺得在一起就是要開心，
什麼都想要的欲念，
是沒有任何關係可以滿足的。

現在依舊沒有發明出讀懂人心的機器，
覺得交朋友變得複雜，
自己當然也沒那麼坦然。
怕孤單，那就寬心去交朋友吧，
只是要聽得懂那些話中有話，
然後，放下過於精明的武裝。

也許單純沒有利益牽絆的感情
比較持久，
畢竟同甘不難，
但共苦時就難免出現耳語。

每段感情的開始，
都不太可能先預備好撕破臉的結局，
誠實的態度，開心的相處，
不去計較誰對友誼更重視更投入，
找到對的朋友就傻傻地一起衝、
一起闖吧。

蒜香爆雞米花

揪一團愛吃的美味

食材

雞胸肉……2 條
蒜……5 瓣
蔥……1 根
地瓜粉……適量

調味料

胡椒鹽……適量
番茄醬……適量

醃料

醬油……15 cc
米酒……10 cc
糖……10 g
白胡椒粉……半匙
五香粉……半匙

步驟

1. 將雞胸肉切成小塊，加入醃料，靜置半小時入味。
2. 把醃好的雞胸肉均勻沾上地瓜粉，靜待 5 分鐘返潮。
3. 將蒜、蔥切成末，備用。
3. 起油鍋約 160 度，酥炸雞塊，翻炸均勻之後，起鍋備用。
4. 將油鍋溫度拉至 180 度，將雞塊重新下鍋，外皮炸至酥脆，即可盛盤。
5. 撒上蒜末與蔥末，再搭配適量的胡椒鹽與番茄醬，開動！

只羨鴛鴦嗎？

自顧自的幸福好嗎？

鴛鴦般的愛情

就是傳說中那樣美好吧

形影不離的陪伴

池中嬉游的浪漫

會不會只是人們過譽的恩愛

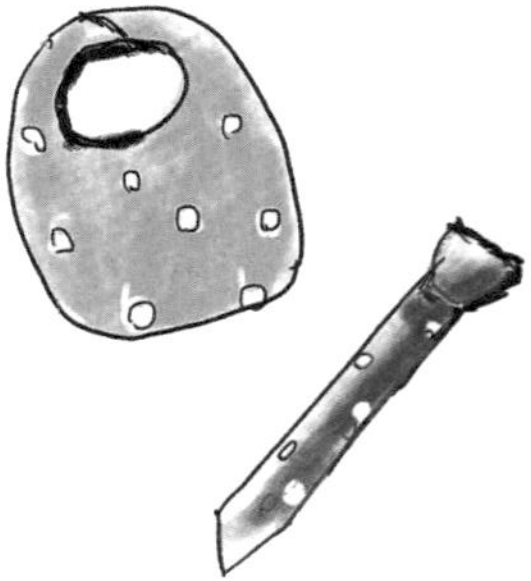

- 「為什麼鴛鴦公的比較漂亮？」
- 為了求偶吧？吸引母的注意啊！
- 「那母的也可以漂亮啊，為什麼就灰灰的？」
- 沒有了那些鮮豔的羽毛，可以專心育兒，還能避免被掠奪被騷擾。
- 「那很不公平耶，為什麼漂亮就要小心被欺負？」
- 真的，不公平，但也很無奈，不管出眾或平凡，都要懂得保護自己。

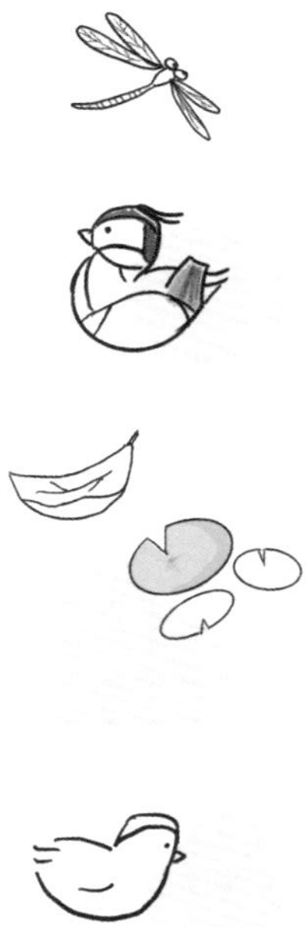

像鴛鴦之盟那般謹守約定，
即使再多險阻，
都要不顧一切奔向對方，
情投意合的感情是令人嚮往欽羨的。
當然也想相信至死不渝的愛情，
可是那些課本裡提到的浪漫比喻，
應該是優化了真實生活遇到的不堪，
美好的愛情還是會被柴米油鹽填滿，
人人稱羨的眷侶仍舊必須提防
有心人士的破壞。

鴛鴦真如每個故事比擬的專情專一？
事實上，
為了尋找更優良的基因延續血統，
牠們僅僅只互相依伴了一個繁殖季。

一次次現實又殘酷的生物演化，
在心碎中撿湊出愛和被愛的方法，
像拼圖一樣搜尋最符合的那一片。
受傷當下的確很痛，
但會痊癒的，
不要低估身體修復的能力，
只要不放棄呼吸，
每一次血脈搏動
就是在喚醒挑戰追愛的機會。

蒜末酸辣煎雞翅

啃一口展翅的美味

食材

蒜……3 瓣
辣椒……2 根
雞翅……7 隻

調味料

檸檬……半顆
糖……15 g
鹽……1 小匙

醃料

醬油……30 cc
米酒……10 cc

步驟

1. 蒜切末、辣椒切片，檸檬擠汁，備用。
2. 雞翅加入醃料，醃製半小時入味。
3. 將醃好的雞翅以小火慢煎，兩面均匀煎熟，起鍋。
4. 將檸檬汁、糖、鹽拌匀融合成醬料。
5. 在雞翅撒上蒜末、辣椒，搭配醬料，上桌大飽口福！

忠心的小黃狗

不用上鎖的愛

就這麼死心塌地愛著

是相欠債還是註定的緣分呢

始終炙熱的目光

不用任何束縛和約定

全心全意地守候

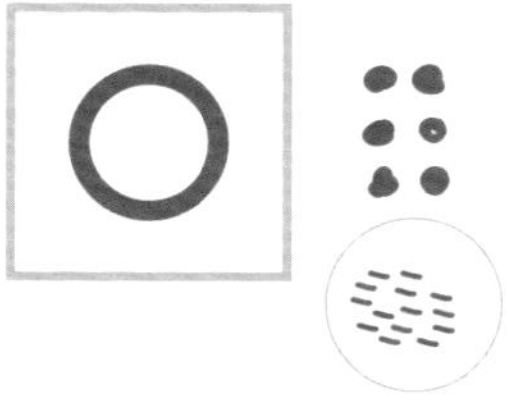

●「什麼樣的愛不會變啊？」

● 任何感情的愛都好難不變哦，最有可能的是寵物對主人的愛吧！

●「既然牠們那麼乖，為什麼還會被丟掉或虐待？」

● 因為對於有些主人來說，牠們只是像玩具一樣的寵物。

●「這樣傻傻的愛值得嗎？」

● 牠們也搞不懂值不值得吧，就認定了主人，然後很專心去愛。

任何許下承諾或簽下誓約的感情，
都可能有變質的一刻吧？
也許對有些人而言，
感情就像吃東西一樣，沒有是非對錯，
就是喜歡不喜歡而已。
曾經渴望的味道突然間沒了胃口，
與其嚼之無味不如趁早丟棄；
但對全然付出真心的另一方而言，
是如此殘酷及錯愕。

穩固的感情
怎麼會需要權謀心機枷鎖去控制？
以為就是用最自在、
最隨興的心態去感受，

到底是時間培養了感情？
還是歲月蹉跎了新鮮度？
如果沒有不會變的感情，
那是不是要更懂得保護自己？
受傷的痛、療傷的苦，
只有自己最清楚。

不要辜負任何真摯的感情，
不要隨意開始，惡意結束，
愛沒有了心就剩受了，
忍沒有了心就剩武器了。

金沙酥炸四季豆

扒住彼此的鹹香滋味

食材

蒜……5 瓣

四季豆……1 把

鹹蛋……2 顆

調味料

米酒……10 cc

糖……少許

步驟

1. 蒜切末，四季豆去絲、切段。
2. 四季豆下油鍋炸熟，起鍋備用。
3. 將兩顆鹹蛋的蛋黃與蛋白分開，起油鍋，將切碎的鹹蛋黃炒至起泡。
4. 加入蒜末及已炸熟的四季豆，拌炒。
5. 加入半顆切碎的鹹蛋白，加入米酒、糖拌勻，即可起鍋。

象這樣交朋友

不用迎合的友誼

簡簡單單交朋友多好啊
沒有猜忌偽裝附和
欣賞你喜歡的
分享我擁有的
朋友少了彼此
就是黑夜裡孤單的月了

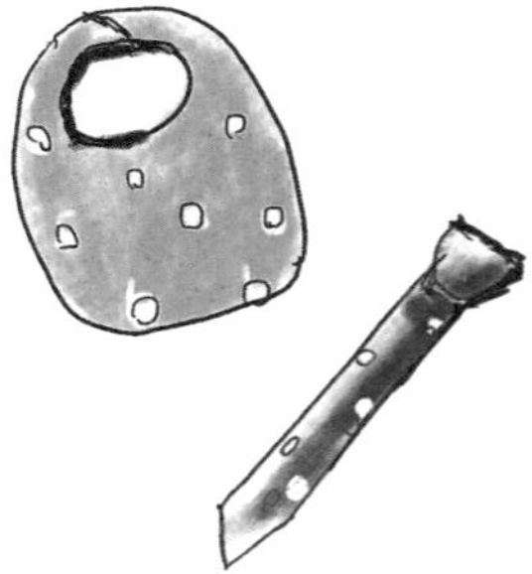

- 「要交好朋友，是不是要常常送禮物？」
- 不用啊，大家開心一起玩就好了呀！
- 「可是有個同學的媽媽一直帶東西送我們耶。」
- 為什麼？不要隨意拿人家的東西吧！
- 「她媽媽要我們跟她小孩當好朋友。」
- 這樣不太好耶，不應該為了收禮物去交朋友啊！

交朋友有教戰守則嗎？
第一次見面要說什麼？
喜歡朋友，
要一直互送禮物才代表重視？
或是要迎合對方有興趣的話題，
才是合群？

小時候交朋友是不是也沒那麼容易？
更何況長大之後有各種心情因素、
派系考量、利益衝突，
不論求學或工作，
一定會在自由分組的時候
覺得很困擾吧？
打不進別人的小圈圈，
也找不到合拍的新隊友，
只能在原地僵住，
等待落單的被湊成一組。

羨慕天生人緣好
或是懂得維持友情的能力，
那是一種天賦吧！
出社會之後被利用、糊弄過幾次，
就更難掏心挖肺，
也不是要獨善其身、自閉孤僻
或交惡搞擰，
只是很懶得出門，很懶得社交，
很懶得交換心事。

把工作和生活分開一些，
把握在無憂無慮時熟識的
那些老朋友就好，
有需要幫忙的時候，
再一起找出解決的方法，
關心卻不介入對方的私事，
保留更多彼此的空間。

三杯辣炒豬血糕

只需要討好自己的享受

食材

豬血糕……1 條
薑……6 片
蒜……5 瓣
辣椒……2 根
九層塔……1 小把

調味料

麻油……30 cc
米酒……10 cc
醬油……20 cc
糖……15 g
水……20 cc

步驟

1. 豬血糕切塊、薑切薄片、蒜切末、辣椒斜切片，備用。
2. 起油鍋，用麻油煎香薑片，至邊緣略為蜷曲。
3. 加入蒜末爆香，放入豬血糕，煎熟。
4. 加入米酒、醬油、糖，炒出醬香。
5. 加入 20 cc 的水，燒至收汁。
6. 起鍋前，拌入九層塔及辣椒即可。

孤獨的八爪魚

偽裝贏得的人生

一副軀殼可以同時

完成好多動作

高超的技巧及絕頂的智慧

隨環境變色

因危機隱身

成功存活的代價，是孤獨

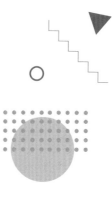

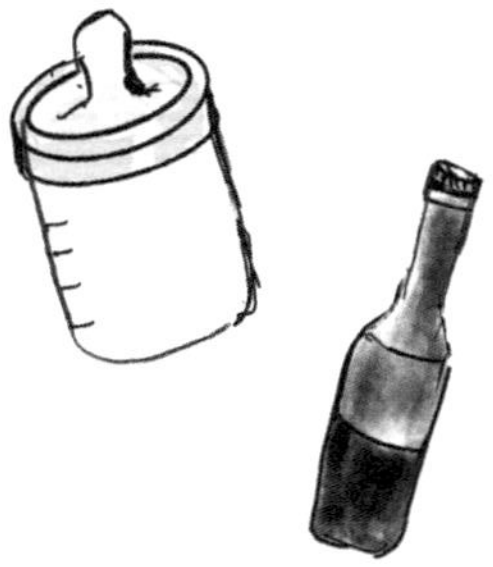

「八爪魚是壞魚嗎？」

沒有一定是好魚壞魚啊，因為覓食需求和能力不同，
只有強弱而已。

「那有壞人嗎？」

有啊，但常常也是立場的考量，和自己有不同見解或利害關係，
就會被視為對自己不利的人。

「我們也會變成人家討厭的壞人嗎？」

很有可能啊，一句話或一個決定，都可能傷害到別人的權益，
當侵犯到人家的利益時，我們就是讓人生氣的壞人了啊。

生物學家花了好多年觀察八爪魚，
超級靈敏的觸腕，上億個神經細胞，
輕鬆捕食，靈活應對四面八方的環境，
當情緒變化時可以改變身體的顏色，
甚或模擬敵人的外觀躲避狙擊，
絕佳的記憶力能記住、發現獵物的位置，還能隨意把玩。

八爪魚如此高智商，
但被形容成八爪魚，是不是都有些貶損的感覺？
曾經交手過一個很厲害的變身高手，他的外型打扮不過於高調，
總在言談中讓人不經意知道他過往合作的都是業內重要人物，
前期他會很好心地私下分享相關資訊或介紹工作機會，
人脈超廣，讓人立刻對他卸下心防。

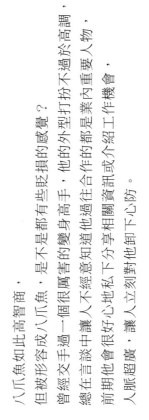

漸漸地發現，當他要說一些重要交易時，
都會刻意避開人群，
不留下文字訊息，
如果事後有要釐清的細節，
若是無利於他，
他會嚴辭否認那些說過的話，
立刻展開偽裝計劃，再變身潛入另一個職場，
等大家意識到不對勁時，才發現連他的本名都不知道；
深入調查才知道他曾經合作的大咖對象或任職過的大公司，
即使是覺得他表現不佳而開除他，
仍不知情地成為他的跳板。

要像八爪魚在危機四伏的大海中生存，
不能有自命清高的傲氣，
要像軟體動物一般適應各種形態的環境，
但若覺得自己沒有捲入鬥爭的應戰能力，
那就努力避開八爪魚能屈能伸的觸腕吧！

辣炒小烏賊

模糊了視線的辣味

食材

蒜……5 瓣
蔥……1 根
薑……2 片
辣椒……2 根
小烏賊（小卷）……半斤

調味料

米酒……10 cc
糖……10 g
醬油……20 cc

步驟

1. 蒜、蔥切末，薑、辣椒切絲。
2. 起油鍋，爆香蒜、蔥、薑及辣椒。
3. 將小烏賊入鍋拌炒。
4. 加入米酒、糖及醬油後，再以中火快炒 3 ～ 5 分鐘，鮮香四溢上桌囉！

熊貓換帖兄弟

一起沒關係的朋友

最喜歡膩在一起

睡到中午也沒關係

來不及減肥也沒關係

沒有計劃的旅行也沒關係

最合拍的朋友在一起

什麼都沒關係

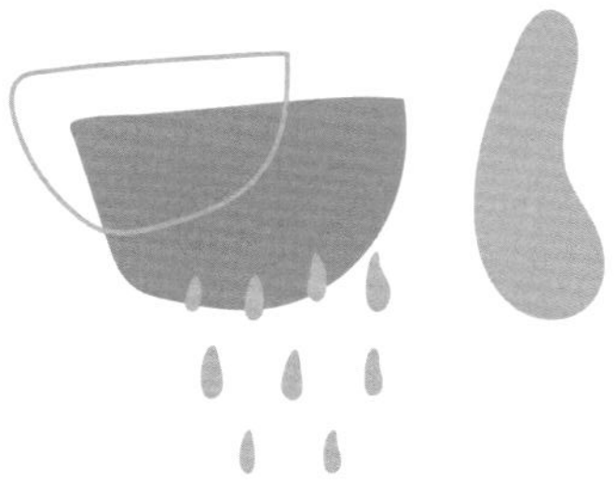

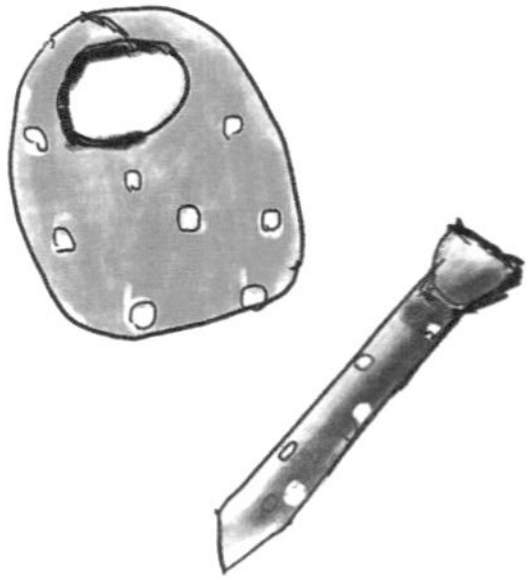

- 「什麼是知己啊？」
- 就是最了解自己，最接受自己的朋友啊！
- 「那找不到知己是不是很可憐？」
- 有一點耶，那就少了很信任的人可以分享大小事。
- 「那如果和知己吵架怎麼辦？」
- 要想辦法和好啊！不然就太可惜了。

就是有一種朋友，
只要聚在一起就什麼都沒關係，
不用計較時間，
不需非得昂貴的消費，
不聊傷感情的政治話題，
完全可以不費腦細胞賴在一起。

但是，彼此都知道對方
在生活上是有追求的，
在工作上有條不紊，
在財務上錙銖必較，
在飲食上忌口挑食，
但就是甘願為了這個朋友
放下龜毛的原則。

時常隨興約對方一起
來場說走就走的小旅行，
不貪心把行程塞滿，
就細細品嚐當地的空氣氛圍和陽光，
連聊天也有一搭沒一搭，
不逼對方講出煩惱的近況，
但如果知道了那些正困擾著的瑣事，
也能客觀建議不會只說好聽話。

什麼都沒關係，
是因為互相珍惜彼此的關係，
都希望相處的時光不尷尬、不為難，
這樣才能讓友誼舒服又自在。

茄汁爆炒菲力牛柳

三分鐘的極速美味

食材

菲力牛肉……1 盒
蒜……5 瓣
紅椒……1 顆
黃椒……1 顆
蔥……1 根

調味料

米酒……10 cc
醬油……10 cc
糖……10 g
番茄醬……1 小匙

醃料

米酒……10 cc
醬油……10 cc
太白粉……少許

步驟

1. 菲力牛逆紋切成細條，加入醃料，靜置 10 分鐘入味。
2. 蒜切末，紅、黃椒切條，蔥切絲備用。
3. 起油鍋爆香蒜末，以中大火將菲力牛柳快速炒熟。
4. 將紅、黃椒條與蔥絲入鍋，再加入米酒、醬油、糖及番茄醬，拌炒 30 秒，即可盛盤。

輯二

長大之後，就能實現夢想嗎？

就勇敢一點接受現實的人生

心裡的小老虎

已不是無力反擊的小孩

呲牙咧嘴的狠樣
為了守護領土的武裝
曾經溫馴如貓的小老虎
孤軍奮戰幾回後
血腥爭鬥中
只能自顧自地兇猛茁壯

- 「什麼動物很可怕？」
- 只要是被激怒的動物都很可怕。
- 「激怒是什麼？」
- 被冒犯的言語或挑釁的行動刺激，勃然大怒地加以反擊。
- 「所以被欺負是可以報仇的嗎？」
- 報仇是有級別層次的，不要掉入犯法的陷阱，要聰明地應付。

別人眼裡懼怕的兇禽猛獸，
不也都是從瘦弱稚嫩的幼子
一點一滴長大？
在窮鄉僻壤中討生活，
在貧瘠殘酷的環境裡養活自己，
就要懂得弱肉強食、物競天擇的道理。

曾經弱小的只有身型，
被欺負被霸凌也不能削弱反擊的勇氣，
總有一天，
嘶吼會取代呢喃。

但午夜夢迴時，
那些小時候無助害怕的回憶，
會冷不防突如其來地襲擊，
奮力在夢中掙扎哭醒，
噙著淚提醒自己早已更生自立，
不再是昔日手無寸鐵的小孩，
不用瑟縮在暴力下等待救援。

現在不僅可以保護自己，
更能打造堅不可摧的堡壘守護心愛的人，
不用再害怕了，
內心裡那隻小老虎！

涼拌麻辣魷魚圈

跳入辣出眼淚的圈套

食材

新鮮魷魚……1 條
紫洋蔥……1/4 顆
辣椒……3 根
蒜……5 瓣
香菜……1 小把
米酒……10 cc

調味料

白醋……20cc
鹽……1 小匙
花椒油……2 cc
糖……15 g

步驟

1. 紫洋蔥與辣椒切絲，蒜切末，香菜切末，備用 。
2. 魷魚切圈，在加入米酒的熱水中汆燙 2 分鐘後，撈起。
3. 將魷魚、紫洋蔥絲、辣椒絲、蒜末、香菜末，與白醋、鹽、花椒油與糖全部拌勻，冰鎮 1 小時即可。

羨慕孔雀的小天鵝

好想變成你

一定要有學習的偶像
就像人生必須設定夢想嗎
崇拜是對未來的砥礪
或只是無止境的模仿
反而忽視自己的強項

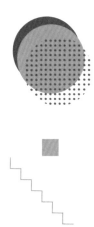

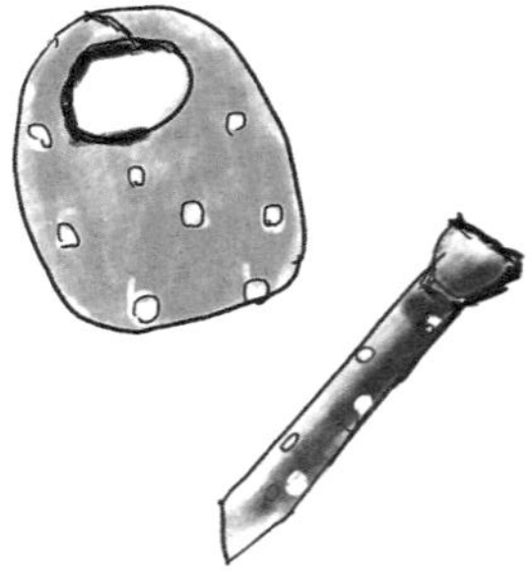

- 「長大以後一定要變成誰嗎？」
- 不用啊，做好自己就已經精疲力竭了。
- 「那為什麼都會被問崇拜的偶像是誰呢？」
- 那只是建議對未來設立目標，有努力的方向。
- 「所以一定要有很厲害的願望嗎？」
- 每個人對厲害的定義不同，能把人生過得踏實滿足也是很厲害。

如果有一天，可以變成你，
螢幕前熱力四射的你，
講台上高談闊論的你，
商場裡運籌帷幄的你，
那些被人追捧的高光時刻，
就是眾人評價中代表成功的意義。

但如果我的外型魅力不夠，
聲音穿透力不強，
決斷力不足，
是不是人生就不夠特別，
稱不上完美？

小時候立定的志向，
非得要成為什麼偉人或菁英嗎？
如果只想做出大家喜歡吃的料理，
輕鬆就能解決水管不通的問題，
親手縫製可愛的襪子娃娃……
滿足於這些很平常的喜好，
是不是就不值得掌聲和鼓勵？

也曾不僅一次幻想能像偶像一樣，
經過好一段時間的熱愛和模仿，
認清自己不可能變成他；
對於別人出色的成就、外貌與人生，
就應該單純欣賞和祝福，
每個生命都有專屬的福報，
心容易滿足，
人生就更輕鬆達到完美了！

蒜香奶油酪梨鮭魚煎餅

煎出讓人嫉妒的香氣

食材

酪梨（買回後須放置幾天，靜待熟成）……1 顆

煙燻鮭魚……數片

無鹽奶油……30 g

麵糊

煎餅粉……100 g

牛奶……40 cc

蛋……1 顆

糖……30 g

調味料

檸檬……半顆

蒜……1 瓣

鹽……少許

芥末……少許

美乃滋……1 匙

步驟

1. 在煎餅粉中加入牛奶、蛋與糖，調出麵糊。
2. 酪梨切片，備用。
3. 將半顆檸檬擠汁、蒜磨成泥，與鹽、芥末、美乃滋均勻調和為醬料。
4. 平底鍋加熱，放入少許無鹽奶油滑鍋。
5. 加入 1 勺麵糊，待上方麵糊起泡即可翻面；兩面煎熟上色後，起鍋。
6. 將煎餅與酪梨、煙燻鮭魚一同擺盤，搭配調好的醬料，開動！

那些狗狗貓貓啊

村子裡的小夥伴

人不親土親

來自同一個故鄉

有著一樣的口音

熟悉相同的街景

異地重逢也能感受到熱情

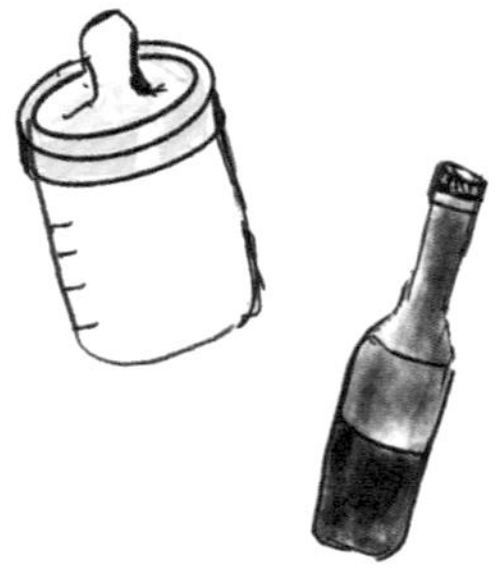

「為什麼那麼喜歡聊小時候的朋友？」

因為那是最純真的感情啊！

「可是那時候也有因為搶玩具、搶盪鞦韆吵架啊？」

但那只是當下的不開心，不會互相傷害，不像長大之後的恩怨，是會讓人傾家蕩產的。

「小時候的朋友不會變嗎？」

當然會變啊，所以才一直只聊往事。

離開老家之後，
以為和舊時的一切沒了連結，
當不經意提起故鄉往事，
只要知道對方
是來自同一個村子或學區，
彷彿就是看到家人手足一般的親切，
一下子，鄰里關係圖
就像蜘蛛網一般牽起來，
什麼叔公的姪子的嬸嬸的表妹，
只要有一點點的地緣或親戚關係，
在職場上就能瞬間變成自己人，
各種離鄉背井的甘苦
也能立刻找到知音。

過年過節回到家鄉，
再次重逢村子裡的小夥伴，
雖然各自都帶著獨自打拚的風霜，
但都會在家人、老友面前
表現出一切無恙。
一群上了年紀的大人，
再次擠上公園裡的溜滑梯，
彼此笑著發福後不能咻地快速滑下，
笑著笑著就有人忍不住哭了，
在外面受的委屈，
在熟悉的人眼裡是藏不住的。

村子口的那條大水溝還在，
但沒有小時候看起來那麼寬，
曾經誇口可以一躍過河，
到外面的世界闖出名堂，
但現在回到家，
只想靜靜吹著依舊漫著桂花香的風；
外面的苦，
都讓村子裡的小河替遊子們涮一涮吧！

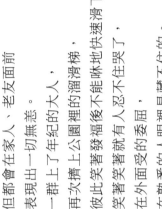

海陸漢堡排

吃一頓飄泊後的踏實

食材

薑……3 片
蒜……6 瓣
洋蔥……半顆
牛絞肉……200 g
豬絞肉……200 g
草蝦……3 隻
甜豆……數根

調味料

米酒……20 cc
鹽……少許
糖……15 g
醬油……20 cc
白胡椒粉……5 g
番茄醬……少許

步驟

1. 薑、蒜、洋蔥切成末，加入米酒、鹽、糖、醬油、白胡椒粉，與牛絞肉、豬絞肉拌勻。
2. 取 1/3 步驟 1 的絞肉，捏成圓形後稍微壓扁，共製成 3 個漢堡排。
3. 將漢堡排以小火煎熟，煎至兩面焦香，起鍋。
4. 草蝦開背、去腸泥，煎熟，並以少許鹽調味。
5. 甜豆去絲，燙熟。
6. 將漢堡排、草蝦、甜豆一同擺盤，搭配番茄醬，開動！

魚缸大小的海洋

屈於現狀的夢想

世界有多大
是這輩子可以環繞一圈的嗎
魚缸裡的魚
會記得曾經住過的海洋嗎
是不是只要不貪心
所在的地方就能像天堂一樣

- 「魚的記憶力真的只有七秒嗎？」
- 好多研究都說應該不只吧。
- 「還記得以前的自己嗎？」
- 小時候的事，都快忘光了。
- 「那還想要去環遊世界嗎？」
- 怎麼可能，賺的薪水都不夠生活開支了，只能看看旅遊節目，當作已經環遊世界了吧。

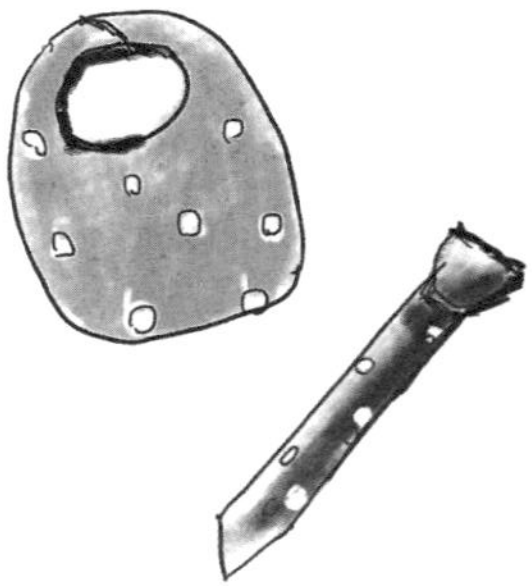

還記得說要飛上太空，
還記得說要周遊列國，
還記得說要征服世界，
那些說的「要……」
怎麼現在都不記得了？

開始很懶得去幻想，
反正都不可能實現；
很卡的生活，只要逼自己習慣，
就不覺得是問題。

眼睛看得到的就算是世界；
手碰得到的就算是未來；
腳走得到的就算是終點。
原來時間消磨的不只是年華，
也侵蝕了那些原來豐滿豔麗的夢想。

抱歉，那個小小的我！
當大人好像就要
學著像魚缸裡的魚一樣，
只要有水，就當成海洋。

蒜香黑胡椒蘑菇炒蝦

翻炒出一隅海洋

食材

蘑菇……15 朵
蒜……5 瓣
蔥……1 根
草蝦……6 隻
九層塔……1 小把

調味料

米酒……10 cc
醬油……10 cc
糖……10 g
黑胡椒粒……少許

步驟

1. 蘑菇切片、蒜切末、蔥切末，草蝦開背、去腸泥，備用。
2. 鍋中不加油，將蘑菇片煸出香氣，起鍋備用。
3. 蒜末爆香後，加入米酒、醬油及糖。
4. 鍋中加入草蝦及蘑菇，拌炒。
5. 起鍋前拌入蔥末及九層塔，撒上黑胡椒粒即可。

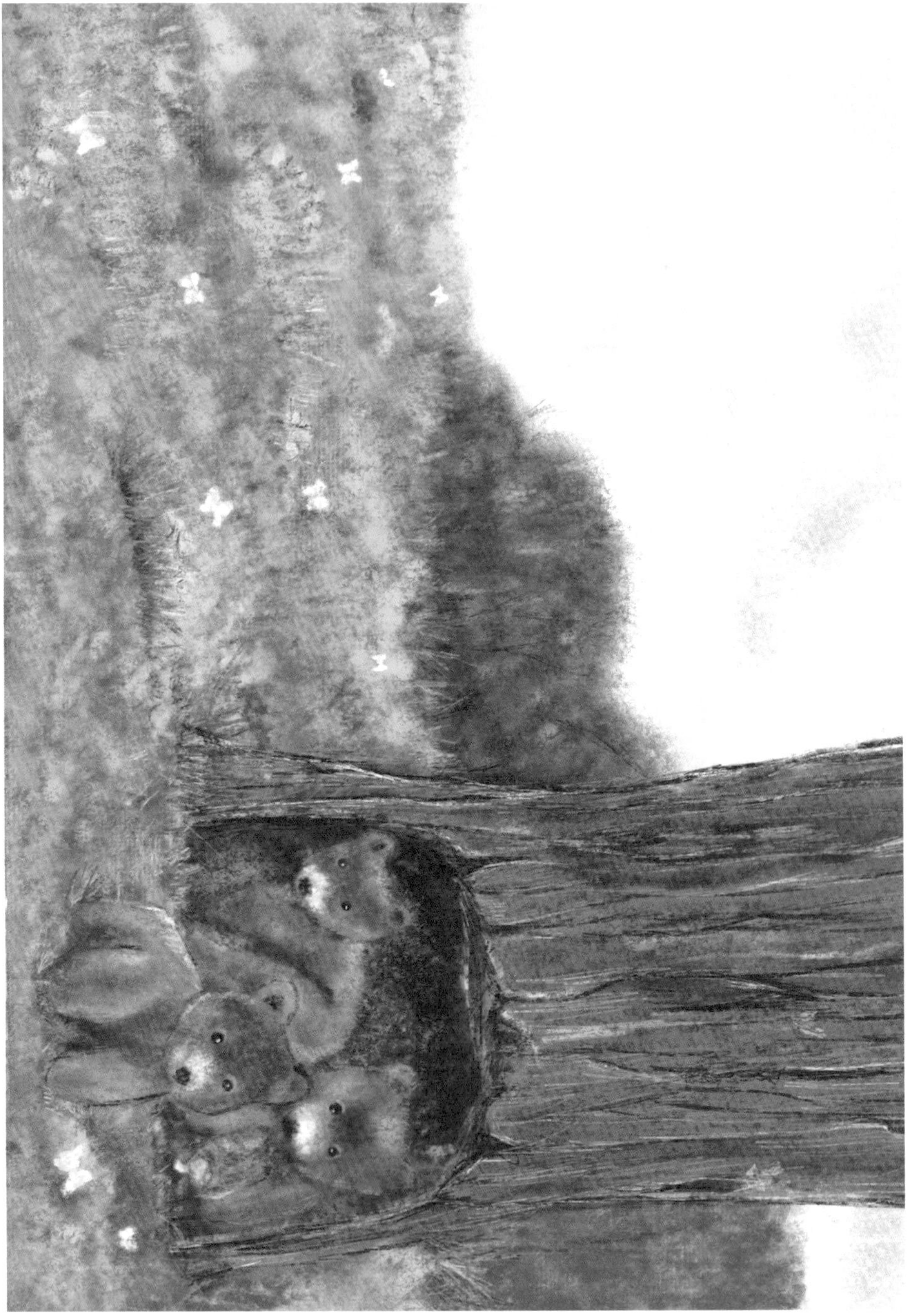

躲在樹洞的小熊

一場綺麗世界的探險

走出樹洞看看嘛

外面真的好美、好大

有好多漂亮的蝴蝶

還有被陽光曬得暖烘烘的草皮

樹洞一直都會在，別怕

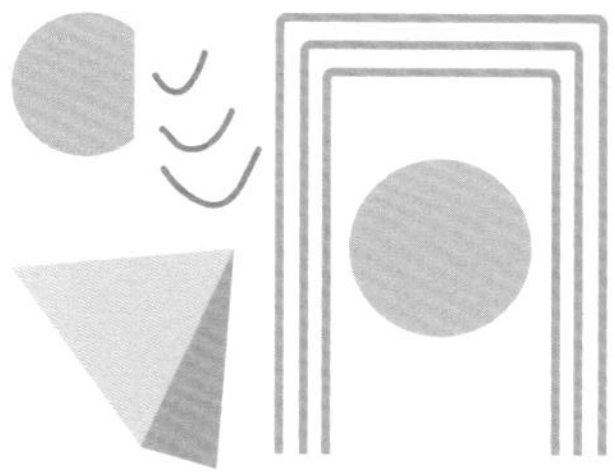

「為什麼會很怕黑？」

因為不知道會發生什麼事，所以會害怕啊！

「那長大是不是也很可怕？」

變成大人後，可能有些可怕，但也會遇到更多新奇的事物。

「如果覺得害怕了，怎麼辦？」

先盡力解決，如果超過自己的能力，那就不要勉強，
不要不好意思求救。

長大真的很可怕耶，
還記得第一次自己一個人轉機
去時差十二小時的城市，
班機銜接時間出了問題，
錯過了當天最後的轉機班次，
必須等到隔日一早才能離開，
待在候機室不敢闔眼，
緊緊抱著隨身行李，
燈一盞一盞熄滅，
除了零星路過的清潔人員，
偌大的航廈到了半夜空無一人，
只敢躲在廁所，把門鎖好才心安。

回想起剛當大人的那刻，
對於所有陌生的一切都非常恐懼，
又想證明自己可以獨當一面，
擔心太常求救會失去被信任的額度，

硬著頭皮在不懂的語言及文化中摸索，
在還沒有智慧型手機的年代，
就連最基本的飲食需求
都要先規劃好路線及問答，
才敢步出寄居的住所，
以免突如其來的狀況讓人手足無措。

多年過去，早已熟悉各種事物，
用苦學的語言殺價、旅遊、進修，
慶幸有走出樹洞看看，
同樣的陽光，
灑在不同的地方就有不同的光芒。

長大當然很可怕，
但若沒克服那些懼怕，
怎知自己的能耐呢！

橙汁香煎豬肋排

入味的紫實香甜

食材

豬肋排……1 斤
蒜……10 瓣
蔥……1 根

調味料

香吉士汁……50 cc
鹽……1 小匙
匈牙利紅椒粉……少許
迷迭香……少許

醃料

醬油……30 cc
米酒……10 cc

步驟

1. 將豬肋排加入醃料，靜置冰箱一天至入味。
2. 將蒜、蔥切末，備用。
3. 將醃好的豬肋排入鍋，以小火慢煎至熟。
4. 將香吉士汁、鹽均勻攪拌，融合為醬料。
5. 煎好的豬肋排擺盤，撒上蒜末、蔥末、紅椒粉與迷迭香，搭配醬料，香噴噴上桌！

輯三

心裡，還住著那個小孩嗎？

長大只累積了年紀 丟失了單純的自己

奶奶屋裡的老貓

賴在最安心的被窩

那是一種安全感吧
老物品、老裝潢、老味道
那是最心安的地方
就這樣懶洋洋
趴著、臥著、隨興著

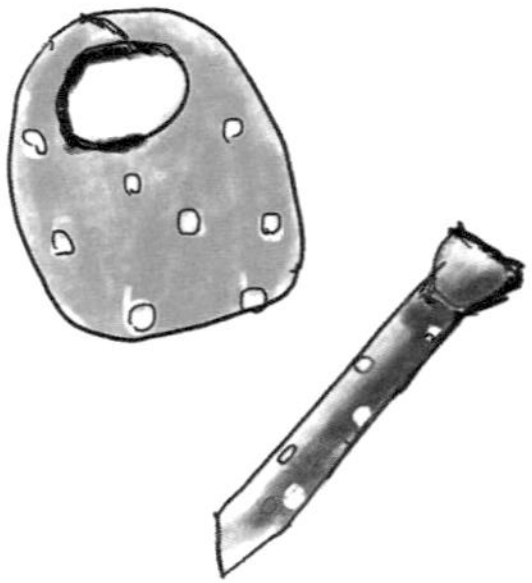

- 「老房子都有一種味道。」
- 那是家的味道啊！
- 「奶奶也有一種味道。」
- 那是長大之後最想念的味道！
- 「為什麼奶奶東西都不丟？」
- 奶奶留著我們乾掉的臍帶，第一次剪下的小胎毛，
  畫著火柴人的卡片，抓週穿的小肚兜……
  那是因為奶奶捨不得我們長大啊！

小時候，睏了就睡，
爸爸的背上，
媽媽的懷裡，
奶奶的蒲扇下，
環繞在輕輕柔柔地哼歌中，
有做著甜甜的夢吧！

現在好難得可以無憂無慮地睡著，
喝了幾杯好像也沒那麼容易入眠，
闔著眼還在為工作和生活煩惱，
翻來覆去想念著
那份拍拍背的安心，
好想再去奶奶屋裡耍賴，
哭一下就會有零用錢和小點心，

現在還有誰會哄著自己說：
「拍拍，不哭，乖乖睡吧。」

那年，
悶熱的夏夜裡，
奶奶睡了，沉沉地睡了，
還沒來得及拍拍她，
是累了嗎？還是不得不放下了吧？
您練字的那些書法，
那幾套最愛的棉襖、旗袍，
還有最寶貝的玉鐲和手錶，
沒丟，都有仔細收好！
就乖乖睡吧，
記得要來夢裡讓我們撒嬌哦！

燉馬鈴薯小排骨寬粉條

就是想撒嬌的味道

食材

小排骨……360 g
馬鈴薯……1 顆
蒜……5 瓣
蔥……1 根
薑……3 片
寬粉條……1 把

調味料

醬油……50 cc
糖……30 g
水……600cc

醃料

米酒……20 cc
醬油……30 cc

步驟

1. 小排骨加入醃料，醃半個小時入味。
2. 馬鈴薯切塊、蒜切片、蔥切段、薑切片，備用。
3. 寬粉條放入一碗水中，泡軟待用。
4. 將蔥段、薑片、蒜片入鍋爆香。
5. 加入醃好的小排骨，拌炒。
6. 將切塊的馬鈴薯、醬油、糖、600 cc 水加入鍋中，小火燜煮 30 分鐘。
7. 加入泡軟的寬粉條，燉煮 3 分鐘，即可。

好奇的小豬仔

充滿未知的彩色未來

最童真的年代
對所有事物都充滿好奇
花為什麼會開
天為什麼會藍
一問一答間形成了世界觀

「為什麼小朋友會一直問問題？」

就是因為對很多事情不了解，想認識世界啊！

「那問題都有答案嗎？」

這就不一定耶，也許可以獲得回答，但可能沒有標準答案。

「那什麼樣的問題沒有標準答案呢？」

很多啊，像愛是什麼感覺？為什麼突然就不喜歡了？
每個人的答案都不同。

小時候總有一萬個為什麼，
追問到大人都要發火：
「長大就知道了！」
一直在等待長到什麼都懂的那個年紀，
但很多事反而越大越找不到答案，
更遑論有些是非難分的情況。

長大之後變得很懶得開口詢問，
反正開了手機、電腦查一查就好。
現在的小朋友也是這樣，
透過網路大神，
的確可以找到正確解答，
可是少了跟人接觸的機會，

就錯過了好多各式各樣的奇思妙想，
即使覺得對方是謬論，
也能產生互相辯證的有趣過程。

現在的眼神沒有了青澀的好奇，
在社會打滾了幾年，
從驚覺、憤慨、報復、委屈到看開，
這也是尋找答案的方法。
對光怪陸離的世事已經見怪不怪，
就算沒能查出什麼線索，
也能稀鬆平常地淡然放棄；
小時候覺得的「奇」，
成了當大人之後的大可不必。

銀芽蛋絲涼麵

給味蕾一場繽紛的爽快

食材

肉絲……200 g
黃瓜……1 根
蒜……5 瓣
蜜汁腰果……10 顆
蛋……2 顆
黃豆芽……1 小把
拉麵……1 把
冷開水……適量

調味料

薄鹽醬油……10 cc
糖……10 g
芝麻醬……1 大匙
白醋……10 cc
水……20 cc

醃料

米酒……10 cc
醬油……20 cc

步驟

1. 肉絲加入醃料，醃 10 分鐘入味。
2. 黃瓜切絲、蒜切末，
3. 蜜汁腰果磨碎。
4. 蛋打散，煎成蛋皮後，切絲。
5. 黃豆芽燙熟後，撈起備用。
6. 將醃好的肉絲炒熟備用。
7. 拉麵煮熟後，加入冷開水冰鎮。
8. 撈麵入盤，再依序加入黃豆芽、蛋絲、黃瓜絲、肉絲、蒜末及蜜汁腰果碎粒。
9. 將薄鹽醬油、糖、芝麻醬、白醋、水調成醬料，與麵拌勻，開動！

小鹿那好萌的目光

映出世界的雙眸

純真的回眸
是令人想要抱抱的那種萌
直勾勾的小眼神
映射出牠還沒察覺正在變壞的世界
每眨一次眼就消散一些童稚的懵

- 「為什麼眼睛是靈魂之窗？」
- 因為眼睛會傳遞環境中各種資訊給大腦。
- 「眼睛真的會說話嗎？」
- 會的，就算不用語言，透過眼神也能傳達感受。
- 「那眼睛會說謊嗎？」
- 也許吧，只是當那個人連眼神都能騙人，
  他的靈魂還值得信任嗎？

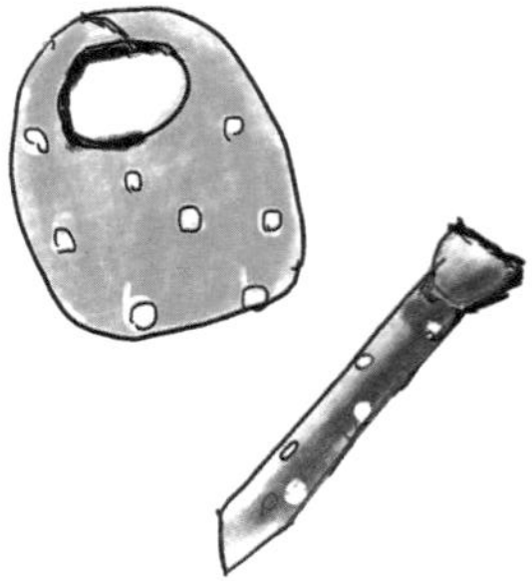

努力想看清世事的目光，
是需要被疼惜的，
因為挫折和心碎會伴隨成長而來，
漸漸地，
眼睛裡蒙上了酸甜苦辣，
當笑容的潛台詞不是開心，
生氣的真正含義不是討厭，
眼淚背後傳達的是
巧妙形塑可憐形象，
本來以為不會騙人的眼睛，
已經少了誠實的自信。

都忘了多久前，
不用多說，
一個眼神就能接收訊息，
如今解釋再多
也抓不到最誠實的那句。
閱人無數的雙瞳已經裝不了萌，
世故，
是學習適應社會化留下的痕跡，
好無奈，越了解這個世界
越增加了城府，
看得太清晰，
會不會不小心看穿了祕密？
心不要變得太快嘛，
眼睛都跟不上了！

奶油紅豆捲餅

可以一直那麼甜的未來

食材

紅豆……50 g
水……100 cc
糖……10 g
無鹽奶油……適量
鮮奶油……適量

麵糊

煎餅粉……100 g
牛奶……40 cc
蛋……1 顆
糖……30 g

步驟

1. 將紅豆泡水 4 ～ 5 小時。
2. 依紅豆與水 1：2 的比例，將 50 g 紅豆加入 100 g 的水，並在電鍋外鍋加 2 杯水，將紅豆蒸熟；待開關跳起之後，燜半小時；之後，外鍋再加 1 杯水，將紅豆蒸軟。
3. 將紅豆和糖拌勻，即完成紅豆餡。
4. 煎餅粉中加入牛奶、蛋與糖，調出麵糊，備用。
5. 平底鍋加熱，以少許無鹽奶油滑鍋。
6. 於鍋中加入一勺麵糊，上方麵糊起泡即可翻面，兩面煎熟上色後起鍋。
7. 將煎餅搭配紅豆餡，並擠上一球鮮奶油，擺盤上桌。

海獺媽媽與寶貝

抱抱，就不怕了！

害怕的時候抱一下嘛

最靠近的距離

再次穩定的心跳

同一個頻率

被愛緊緊包覆

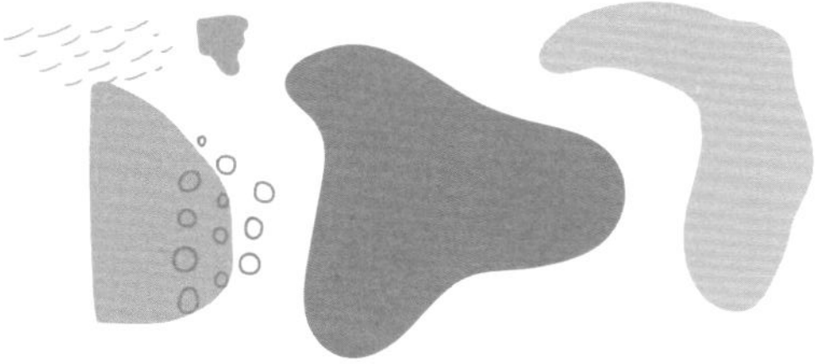

「大人是不是都不好意思抱抱了？」

真的，覺得大人就是要表現得很堅強。

「人是不是都很孤單？」

出生之後就是獨立的個體，某些程度上是孤單的吧！

「那大人覺得孤單的時候怎麼辦？」

跟小朋友一樣啊，希望得到安慰和陪伴，
只是很多時間不敢講出來。

什麼時候開始覺得抱抱是很尷尬的？
青春期？還是更早？

小小孩任何時候都可以伸手就要抱，
撒嬌、鬧脾氣、想睡覺、不想走路，
各種理由都可以一直賴在大人身上。
為什麼漸漸地越來越少被抱抱了呢？
是不是闖的禍多了，
所以大人一氣之下就不抱了？
還是也被要求要有大人樣，
要獨立、要自主、要勇敢，
向未來跨步？

大人也害怕蟑螂、打雷，
或其他更恐怖的事吧？
但在恐懼當下，
第一時間的反應已經變成武裝，
甚至逼自己要強大到可以保護家人。
以前有心事都會分享，
但發現自己的祕密
成了別人閒聊時的八卦，
上過幾次當之後，
擁抱就只是客套的形式，
不再相信「絕對不會說出去」、
「有什麼問題，一句話！」。

從呼吸世界第一口空氣開始，
就註定是孤獨的個體，
但多難得可以遇到同一頻率的擁抱，
在不知所措的時候，
抱一下，
讓心像是回到家。

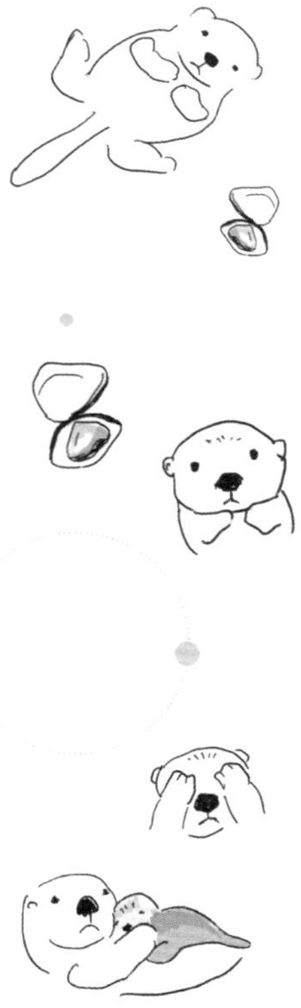

豆腐鯛魚輕蔬湯

舀一瓢暖暖的心跳聲

食材

雞蛋豆腐……1 盒
鯛魚……1 片
蒜……5 瓣
蔥……1 根
昆布……1 片
水……500 cc
鴻禧菇……1 包
小松菜……1 把
蛤蜊……10 顆
草蝦……2 隻

調味料

米酒……10 cc
糖……3 g
日式鰹魚醬油……15 g
柴魚片……1 小把

步驟

1. 雞蛋豆腐切塊，鯛魚切塊，蒜、蔥切末，備用。
2. 雞蛋豆腐入鍋煎至兩面金黃，取出備用。
3. 將蒜、蔥末爆香，加入昆布及水 500 cc 熬煮高湯。
4. 完成高湯後，撈出昆布，加入鯛魚。
5. 接著加入米酒、糖、日式鰹魚醬油，以及雞蛋豆腐、鴻禧菇、小松菜、蛤蜊、草蝦，煮沸後熄火。
6. 起鍋後，撒上柴魚片即可。

阿嬤灶腳裡的旋律

永遠掛心的「吃飽沒？」

阿嬤的灶腳傳來好吃的旋律
前奏從洗菜、切菜開始
剁排骨、刮魚鱗、刨蘿蔔絲
鐵勺在大鍋鼎裡來回翻攪
在那一聲「開飯囉」
完成充滿香氣的交響樂

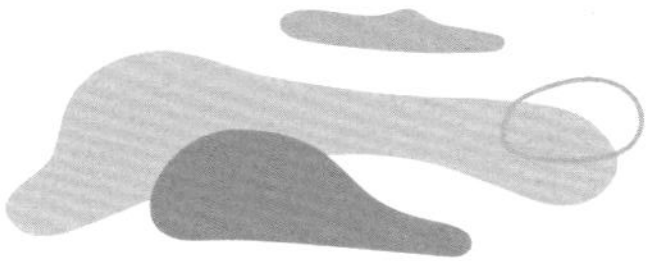

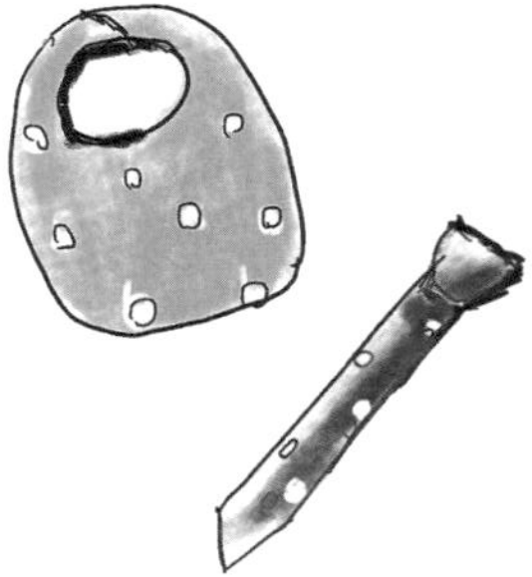

- 「阿嬤為什麼都不怕熱，而且喜歡種菜？」
- 就是覺得自己種才能吃新鮮的啊。
- 「阿嬤不喜歡上館子，她都要自己做。」
- 她怕外面吃都貴桑桑，又擔心不夠健康。
- 「可是她為什麼又都一直做紅燒蹄膀？」
- 那是因為有小孩子跟她說「阿嬤的腿庫最好吃了」。

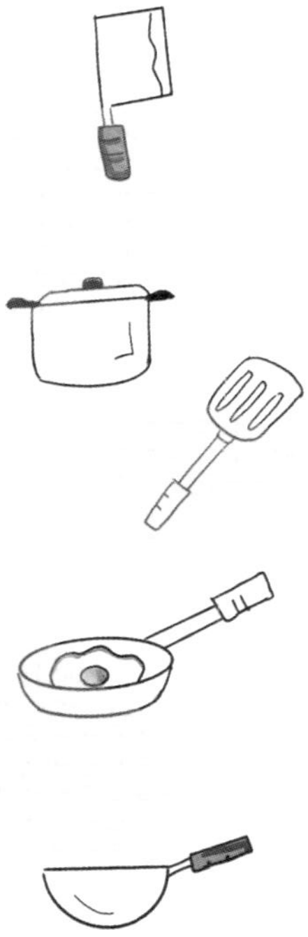

阿嬤的院子好像可愛動物園區，
有雞有鴨有魚有兔子，
還有好幾隻老狗、小狗和貓咪。
天還沒亮，灶腳就開始砰砰鏗鏗，
煙囪漾出白煙，藍天映出日光，
阿嬤進進出出撿雞蛋、拔青菜，
洗米、煮湯、烤地瓜。

她幫大家舀了一大碗稀飯，
不斷叮嚀
早餐一定要吃得營養吃得飽，
上班、上學才不會
餓得腦袋嗡嗡叫。

大小孩們三口併兩口，
扒了幾口趕著出門，
小小孩睡眼惺忪打著哈欠，
讓阿嬤一口一口餵。
等到大家都吃飽了，
阿嬤才趕緊撿著吃碗盤裡的菜尾。

小時候都忘記問阿嬤吃飯了沒，
只會對著阿嬤點餐，
甚至有時像奧客一樣，
真以為阿嬤的灶腳像速食店，
一喊一叫，
就有各種熱騰騰的好料。

蒜苗蛋炒蘿蔔糕

就怕吃不飽的心意

食材

蛋……2 顆

蒜……3 瓣

蒜苗……半根

蘿蔔糕……1 盒

麵糊

醬油……10 cc

步驟

1. 蛋打勻、蒜切末、蒜苗斜切片，備用。
2. 蘿蔔糕切片煎香後，起鍋再切塊，較不易破碎。
3. 將散蛋入鍋，加入蒜末爆香，翻炒蛋液至半熟。
4. 加入蘿蔔糕、蒜苗及醬油，拌勻即可盛盤。

小象的眼淚

鏡子裡的我，好嗎？

我這樣，好嗎
現在的生活
是實現願望了嗎
對自己寒暄和關心的開場白
說起來怎麼就心酸了呢

「大人會哭嗎？」

當然會啊，覺得委屈或心碎的時候就哭啊，
只是比較會忍耐而已。

「大人喜歡當大人嗎？」

有些時候不喜歡吧，被生活壓得喘不過氣的時候，
就希望不要長大。

「大人還是小孩的時候都是開心的嗎？」

應該不是，因為當小孩時若被欺負被傷害，
是沒有能力保護自己的，
但長大後，仍有很多事情沒學會……

日子一天一天地過，
被時間推著推著就長大了，
鏡子裡的自己早已是大人的模樣，
但內心的那個小孩，
有跟上歲月的腳步嗎？

「你好嗎」是被教導要有禮貌的招呼問候，
儘管這是與人為善的禮教，
不一定要得到真正的回答。
那些關心別人的話，都可以輕易脫口而出，
但是不是都忘了關心自己：「我，好嗎？」

小時候一直搞不懂的題目，
已經找到解答了嗎？
曾經受過的那些傷，都有好好痊癒嗎？
那些好委屈、好生氣的癥結，
有完全解決了嗎？
變成大人之後，
常覺得還是當小孩的時候最幸福，
可是，回想還是小孩的時候，
又期待趕快長大，
當時那個小小的身體承受了好多的壓力，
課業、友情、家庭也有好多事，
沒有辦法哭一哭就消失殆盡。
常擔心別人覺得「我？好嗎？」，
是不是有達到他們的期待了啊？

所以，不是什麼都可以長大就知道，
也沒有還是當小孩最好，
那些不開心的情緒要認真對待，
才不會總在幾杯下肚，老話題一談再談，
酒醒之後又後悔失態。

香炸起司火腿吐司

釋放被包裹的香氣

食材

蛋……2 顆
吐司……3 片
火腿……3 片
起司……適量
麵粉……50 g
麵包粉……50 g

調味料

番茄醬……適量
美乃滋……適量
羅勒粉……適量

步驟

1. 將蛋打勻成蛋液，備用。
2. 將吐司去邊，用擀麵棍擀至緊實。
3. 每片吐司包入 1 片火腿及適量起司後，捲成棒狀。
4. 將捲好的吐司依序沾上麵粉、蛋液及麵包粉。
5. 起油鍋約 160 度，將吐司棒翻炸均勻之後，即可起鍋。
6. 分別擠上番茄醬、美乃滋，或撒上一些羅勒粉，開動！

輯四

原來，那時
心裡下起一場雨……

如果流過的淚水 不會伴隨著不開心

麻雀的自由

不想被現實箝制的生活

像麻雀一樣是自由的吧
沒有絢爛奪目的羽毛
沒有養尊處優的生活
在車道和樹林中穿梭覓食
危險卻自在翱翔享受天空

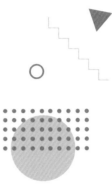

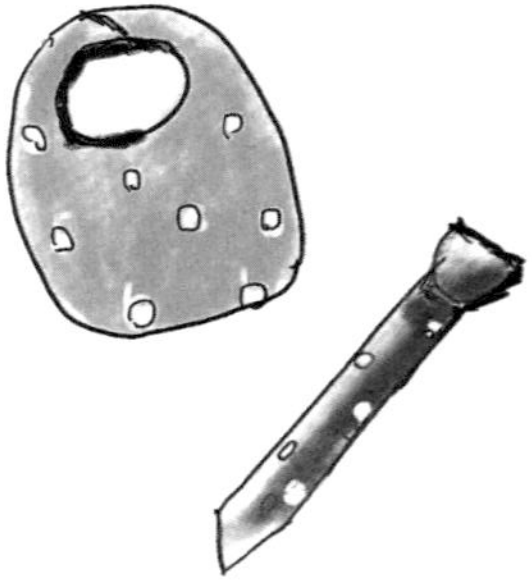

- 「擁有自由是不是很開心？」
- 對啊，可以去想去的地方、做想做的事、吃想吃的美食。
- 「自由是不是想幹嘛就幹嘛？」
- 當然不是啊，還是要遵守規定的。
- 「那小朋友可以有自由嗎？」
- 小朋友的自由是有範圍的，還是必須在大人的指導之下，這樣自由才不會變成恣意妄為的放縱啊！

如果三餐溫飽是日常的基本需求，
那時時有東西吃就是很幸福的吧！
不必煩愁尋覓遮風避雨的屋簷，
不須擔憂翻找充饑解饞的食物。
只是這樣的享受，
代價是自由！

活在被安排好的每一刻，
跟著表訂行程過生活，
望著藍天無法展翅，
有形無形的枷鎖困住軀體，
自由只剩天馬行空的意念。

心是貪的吧，
在為生存奮戰時，期待豐衣足食，
在踏實生活時，又希望實現夢想。
自由是被比較出來的，
依舊需要負責任的，
所以不自由也是可以「被習慣」，
只要願意妥協，
在身不由己下解構自由，
也能有滋有味。

陽光泡菜

釀出一份黃澄澄的自在

食材

高麗菜……1 顆
南瓜……1 小顆
紅蘿蔔……1 條
蒜……10 瓣
鹽（殺青用）……3 大匙

調味料

水果醋……300 cc
白醋……100 cc
鹽……10 g
白砂糖……100 g
豆腐乳……3 塊

步驟

1. 高麗菜切成小塊，拌入 3 大匙鹽殺青，靜置 20～30 分鐘後，用食用水洗淨、瀝乾備用。
2. 南瓜去皮、去籽、切塊，蒸熟後備用。
3. 紅蘿蔔半條切片，備用。
4. 將南瓜、蒜和剩餘半條紅蘿蔔，以及水果醋、白醋、鹽、白砂糖、豆腐乳倒入果汁機打勻，做成醬汁。
5. 以一層高麗菜與紅蘿蔔片、一層醬汁的方式，分層放入罐中，冰鎮一天即可。

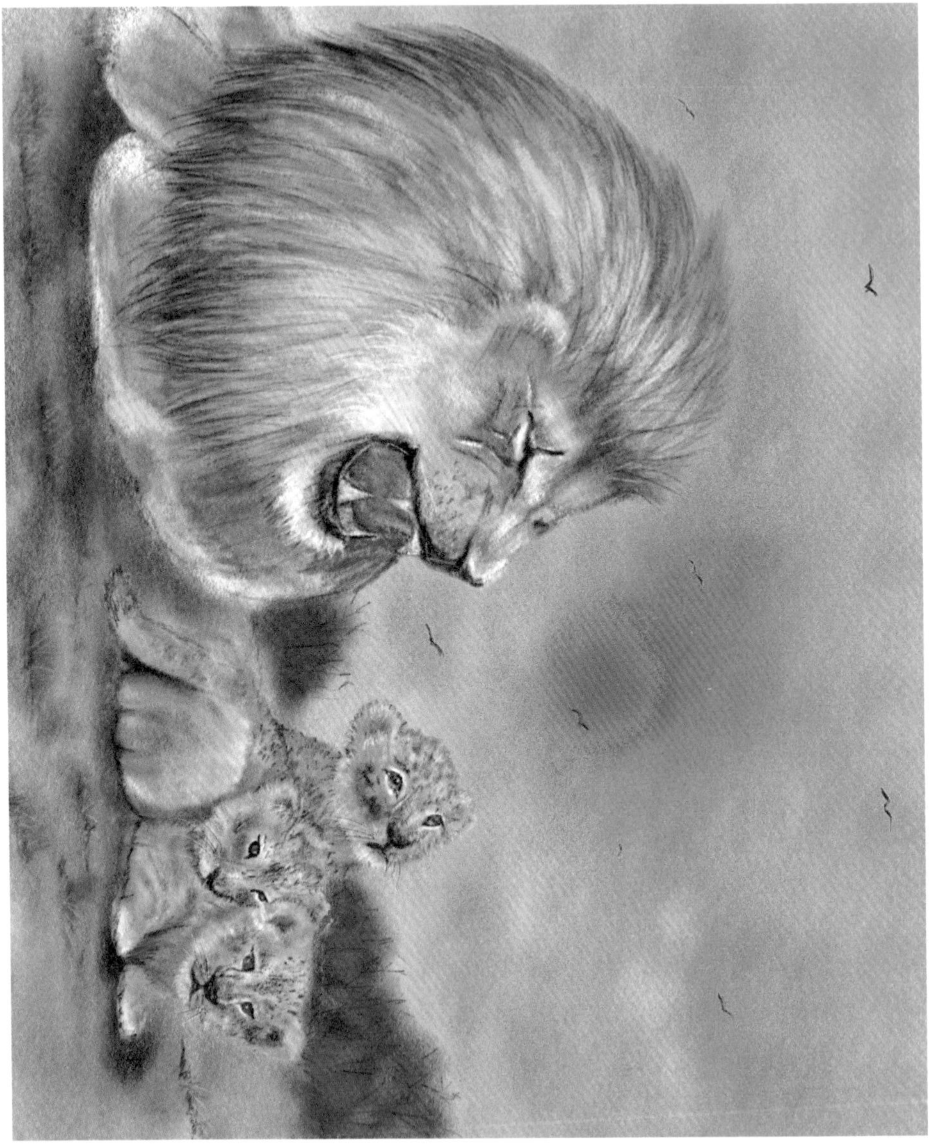

怒吼的獅子王

盛怒之下的代價

任何衝動都容易出錯

一時控制不住脾氣

就會被迫放棄很多權益

盛怒之下怎麼會有好話

遺憾總在情緒起伏間發生

「講話很大聲就會贏嗎？」

當然不是啊，講話大聲只是一時的氣勢。

「大人一生氣，感覺就會動手打人耶？」

那是沒能壓抑住怒氣，是需要訓練的。

「大人發飆的時候很像大怪獸變身！」

真的，而且當氣消了之後都會覺得後悔。

克制不住的怒火，
是多麼容易誤事。
有次一大早要搭機出差，
在上交流道之後，
車流突然停止不動，
因為有兩台車發生擦撞，
前車駕駛怒氣沖沖下來找後車理論，
兩人在交流道口爭論不休，
後面車龍越拉越長。

本來以為提早三小時出門，
車程及安檢已有足夠預留，
眼看被這兩車耽誤，快錯過登機時間，
又擔心計程車司機也想下車加入戰局，
好在司機伯伯用平緩的語氣說：
「這種事遇多了，越想要爭一個理，
就越無理。」
如果他也下去一起吵，就會擴大戰場，
這樣即使交警介入解決，
也必須留在現場釐清事故，
反而影響乘車客人的權益。

幸好司機伯伯有冷靜評估狀況，
在警察出面協調之後，
好幾台車主被留在現場，
因為他們不但吵架還動了手，
而我們的這台車及時趕上了班機。

盛怒之下理智斷線，
粗口穢語齊發，
根本無益事故和錯誤的彌補，
更會留下難堪的後果和影響。

椒鹽炸豬五花

熱油翻滾出的美味

食材

豬五花……半斤

調味料

胡椒鹽……少許

匈牙利紅椒粉……少許

醃料

醬油……30 cc

米酒……10 cc

糖……10 g

五味粉……1 匙

白胡椒粉……1 匙

蒜……5 瓣

薑……3 片

步驟

1. 豬五花加入醃料，靜置冰箱一天入味。
2. 油鍋燒熱後，放入整塊豬五花，以中火炸出酥脆外皮後，轉小火，慢慢炸至脆口。
3. 起鍋，將炸好的豬五花切成適口的大小。
4. 撒上胡椒鹽、匈牙利紅椒粉，美味上桌！

闖禍的小貓咪

說對不起的勇氣

闖禍的當下頭皮發麻

神經緊繃、全身顫抖

腦中跑馬燈一路轉起來

各種處罰情節衝出回憶

含著淚都要鼓起勇氣道歉

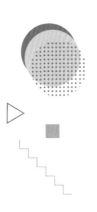

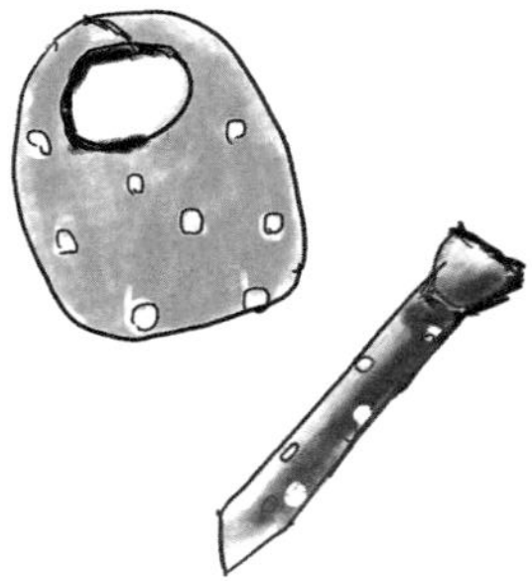

- 「又不是故意做錯事，但大人為什麼總是那麼生氣？」
- 因為一而再，再而三的闖禍，就覺得怎麼一直不小心。
- 「說對不起是不是很難？」
- 承認自己犯錯是必須的，雖然會被處罰，也要勇敢承擔。
- 「那道歉之後就會被原諒了吧？」
- 這不一定，要看道歉的誠意和態度，而且要認真檢討改進。

如果道歉就有用，
那就不會有那些法條和處罰了啊！
可是不說對不起，是不是更不應該？
小時候闖了禍，
當下知道的確是自己犯錯，
很想開口說對不起，
可是就是卡在喉頭說不出口，
也許是好面子拉不下臉，
又或許是知道即使認錯
依舊少不了一頓罵。

不想低頭說對不起反而成為一種動力，
時刻提醒自己如果不想被指責，
那就要有本事管好自己不出差錯。
孩子們觸犯了規定被訓斥後
可以被原諒，
但長大之後的疏失
就必須承擔更多後果，
說漏嘴的一句話可能造成極大損失，
酒後忘我的一個舉動
會毀滅努力維持的形象。
立即誠摯地道歉能夠緩解重創的程度，
但被輿論逼急了也容易口無遮攔：
「對，是我的錯，都是我不對，
不然要怎麼樣嘛？」

社群資訊氾濫的時代，
每個人都是受公評的，
言論更自由了，
但隱私就無奈遭袒露了。
承認錯誤、
說對不起是需要勇氣的，
待人處事不踩在紅線上，
也是需要自制的。

涼拌泰味海鮮

酸辣思緒的牽絆

食材

蛤蜊……10 顆
透抽……1 隻
鯛魚……1 片
蝦仁……數隻
紫洋蔥……1/4 顆
辣椒……2 根
蒜……5 瓣
香茅……1 根
香菜……1 小把
小番茄……5 顆

調味料

檸檬……1 顆
魚露……10 cc
糖……15 g
鹽……1 小匙

步驟

1. 蛤蜊吐沙後，入水煮開殼後即撈起。
2. 透抽切花、鯛魚切塊，與蝦仁一起汆燙後撈起。
3. 紫洋蔥、辣椒切絲，蒜、香茅、香菜切末，小番茄對半切。
4. 將檸檬擠汁，與所有食材、魚露、糖、鹽拌勻，冰鎮 1 小時即可。

陌生的老家

家和才能萬事興的體悟

紅磚牆黑瓦屋綠榕樹

還有那片每年如期搖曳的稻浪

從第一眼見到後沒變　都沒變

現在怎麼會如此陌生的感覺

原來變的是歲月是成員是我們

「什麼是三合院？」

就是三個方位的房屋，正房和兩側廂房組合在一起。

「還以為是合作、合樂、合伙的意思！」

很可愛耶，也可以這麼說，大家族住在一起的氛圍。

「那怎麼長大之後就不合了呢？」

這個很複雜耶，也許出了什麼問題，家裡少了合好的契機……

堂前那一大片的稻埕，
有著玩跳房子留下來的痕跡，
堂哥、堂姊們從學校
辛苦收集回來的粉筆尾巴，
白色、紅色、黃色、綠色、藍色，
圈起一步步闖關的順序。
靠近倉庫的石灰牆
是小老師上課的地方，
還沒上學的弟弟、妹妹
乖乖坐著認字聽講。
大人載貨的老推車被拿來騎馬打仗，
常落鏈的腳踏車也能變身成戰鬥金剛。

每一年稻穀收成時，
都有一個小孩要離家，
出遠門去上學或是
要去城市裡闖一闖夢想，
雖然過年會回來，
但都捧著手機、
盯著電腦不愛講話。

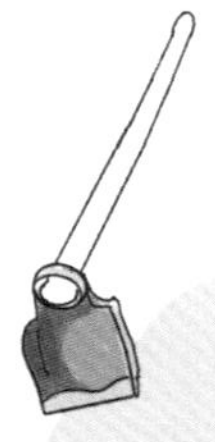

最後一位長輩去賣鴨蛋之後，
大人在大堂裡吵著說要分家，
望著那一窩剛出生的小狗崽，
覺得幹嘛要分，
反正老家早就不像曾經的家。

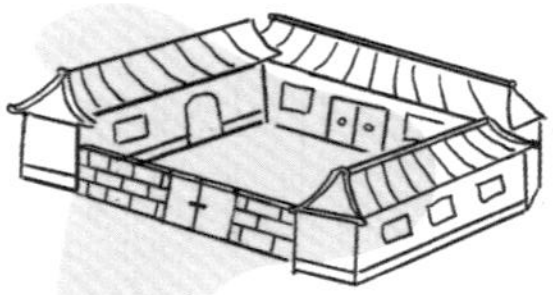

原來，推倒先輩努力搭建的
三大面磚瓦這麼快，
再見了，最愛的陌生的老家。

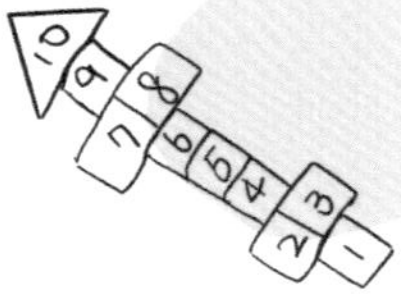

番茄肉末拌麵

將生活碎片攪拌成幸福的美味

食材

牛番茄……1 顆
洋蔥……半顆
蒜……3 瓣
青江菜……3 小把
豬絞肉……170 g
拉麵……1 把

調味料

鹽……1 小匙
糖……5 g
醬油……10 cc
番茄醬……1 大匙
水……100 g

醃料

米酒……10 cc
醬油……10 g

步驟

1. 牛番茄、洋蔥、蒜切碎，青江菜燙熟，備用。
2. 將豬絞肉拌入醃料，靜置 15 分鐘入味。
3. 將拉麵煮熟，撈起備用。
4. 起油鍋炒豬絞肉，加入蒜末、洋蔥末，炒香。
5. 將牛番茄末入鍋，加入鹽、糖、醬油、番茄醬及水，均勻拌炒。
6. 將炒好的番茄肉末與拉麵拌勻，加入青江菜，香氣四溢上桌囉！

啜泣的大熊

大人想哭就哭吧

長大本來就很難

不必捨不得浪費眼淚

獨立美化了孤單

辛苦維持堅強

別活在別人嘴裡硬搞出名堂

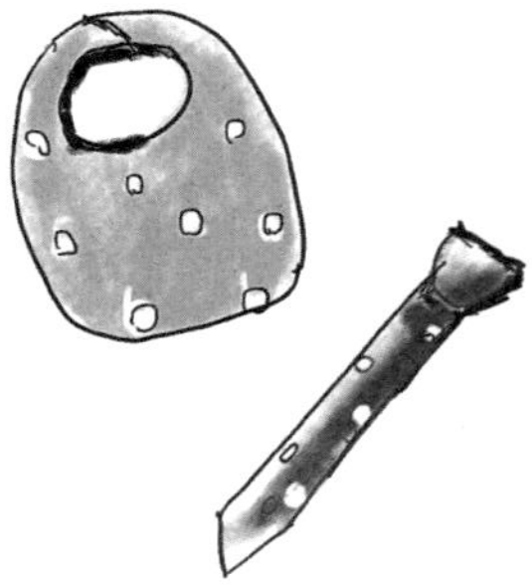

- 「為什麼大人會覺得好孤單？」
- 也許是因為覺得大家都不理解自己吧。
- 「如果覺得人家不懂，就說出來啊！」
- 可是又擔心說出自己的煩惱之後，會被人家講說很懦弱，不夠堅強。
- 「長大之後是不是會很在乎別人的眼光？」
- 真的，當大人很不容易，做得再賣力，都還是有批評的聲音。

就哭吧！用眼淚洗一洗壞心情，
雖然哭完之後，
那些討厭的人事物依舊不會消失，
但可以別讓他們出現在自己的視線裡。

長大真的不是什麼事都可以完成，
即使想任性做夢，
也會立刻被現實打醒，
每件事都有下錯決定的風險，
也不可能像小時候那樣賴皮喊著重來，
覺得不被了解、不被信任、不被認同，
這是生活中的常態。

但為什麼一定要渴求
活在褒獎稱讚的掌聲中，
虛幻的肯定歡呼，
反而在曲終人散之後更覺得寂寞。

看淡一切的心境是最堅強的武裝，
沒有任何貪婪的意念
可以左右操縱自己的想法，
為小事而滿足，為活著而感恩，
為付出而心動。

辛苦的大人們，
硬撐著是不快樂的，
但也不是要悲觀地放棄，
可以思考另一種努力的方向，
懂得據理力爭的必要，
也該學會適時委屈才讓損失減少。

一個轉念，就是一個新的世界，
想哭就哭吧，
只是要讓流出的淚水，
是為了欣慰開心而流淌。

韓味辣豆腐牛肉鍋

辣出暢快的明天

食材

洋蔥……半顆

蒜……5 瓣

嫩豆腐……1 盒

牛絞肉……50 g

牛肉片……200 g

豆芽菜……1 小把

調味料

韓式辣醬……2 匙

辣椒粉……20 g

米酒……10 cc

水……500 cc

糖……15 g

醬油……20 cc

鹽……1 小匙

步驟

1. 洋蔥及蒜切末，嫩豆腐切塊，備用。
2. 將洋蔥末、蒜末爆香，加入牛絞肉拌炒。
3. 加入韓式辣醬及辣椒粉，均勻拌炒。
4. 接著加入米酒、水、糖、醬油、鹽，煮沸。
5. 再加入牛肉片、豆芽菜、嫩豆腐，煮熟即可。

輯五

轉念的善意，
是照亮希望的微光

想要被世界溫柔對待，就讓心多付出一些

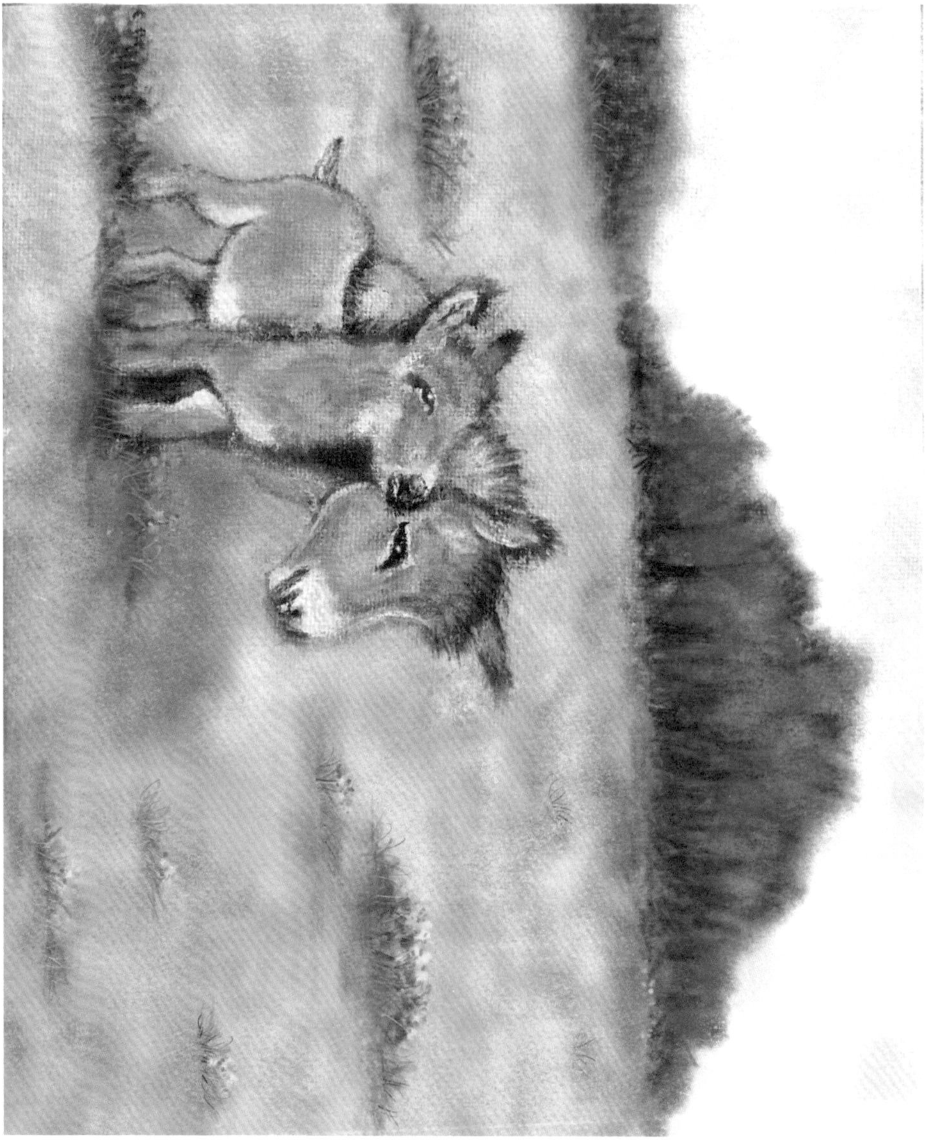

聽話的驢子

認真聆聽愛的傾訴

聽我說話嘛

每天都有好多事想要分享

也許這件事還沒說完

又急著想聊新認識的朋友

就是覺得你一定跟我一樣在乎我

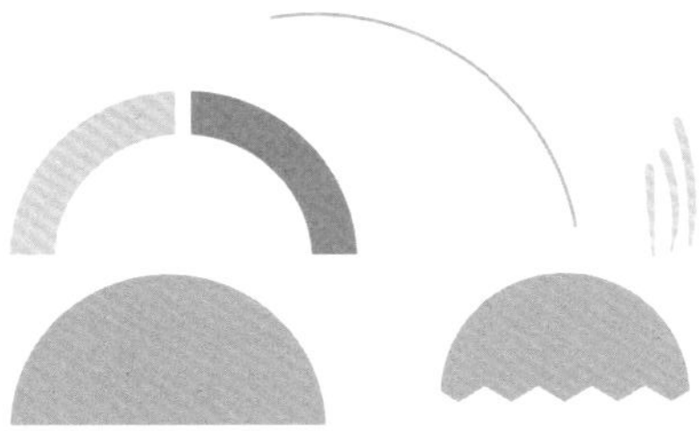

- 「為什麼大人都愛叫小朋友『閉嘴』？」
- 也許他們自己有很多事情都忙不過來。
- 「那他們還不是很愛一直講自己的事？」
- 會不會是……他們喝多了呢？
- 「而且都一直聊講過的事。」
- 因為那些事在他們心裡，從來都沒放下。

聽別人說話，
是需要耐著性子？
還是必須養成習慣？

分享是願意向對方敞開心房，
那接收別人的心情
當然就不能只用耳朵。
說話得到的反應是敷衍，
聽話得到的內容是虛情，
就實在可惜了彼此的陪伴。

閉上嘴巴的那刻，
心也跟著關起來了吧！
珍惜那些熱情拉著自己
說話的心意，
代表著對方願意
把心的鑰匙交給自己。

炸牛蒡芋頭絲

就愛黏在一起的酥香

食材

牛蒡……1 根
芋頭……半條
黑芝麻粒……少許

麵糊

低筋麵粉……120 g
糖……30 g
水……50 cc

步驟

1. 將低筋麵粉、糖、水調勻成麵糊，加入黑芝麻粒，備用。
2. 牛蒡及芋頭切絲，取部分均勻沾上麵糊，重複數次。
3. 起油鍋約 160 度，將牛蒡絲及芋頭絲翻炸均勻之後，即可起鍋。

pebeo
HUILE FINE

解圍的小狗

夠義氣的朋友

那一句「包在我身上」
是妥妥地令人安心吧
分秒時刻間有著難以預料的險惡
似安全氣囊般的存在
只在危急時即時出動

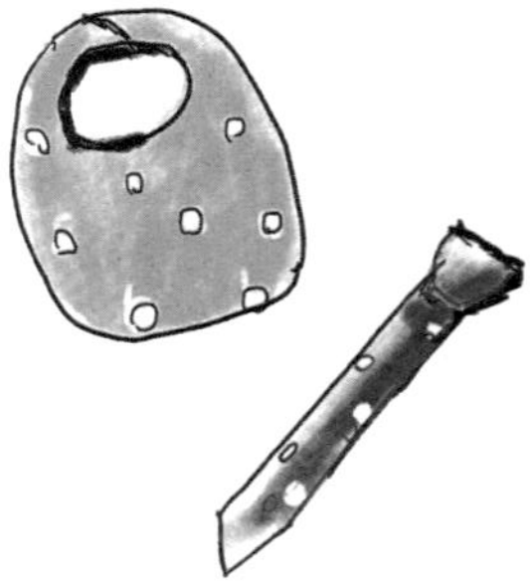

- 「義氣很重要嗎？」
- 是啊，朋友之間要講信用、重情義。
- 「要怎麼變成有義氣的朋友？」
- 當朋友有危險時，要想辦法去幫忙。
- 「如果我很講義氣，但朋友不講義氣呢？」
- 那就要慎選朋友啦，感情和義氣是互相的。

義氣在詞典裡是節烈正義的氣概，
是剛正忠孝之氣，
是為情誼而甘願替別人承擔風險，
甚或有自我犧牲的氣度。

在正道之下的義氣，
是朋友交心的最高境界，
但總有邪魔精妖的阻撓，
人心容易受到蠱惑而誤判，
盲目愚忠、拔刀相助、挺身而出，
躊躇徬徨在義薄雲天與意氣用事間。

講義氣是需要有分辨能力的，
固然友情可貴，
但為了朋友違法亂紀卻得不償失，
更是陷好友於不義。
那些脫口而出：
「一句話，挺不挺？」的朋友，
在事情發生後，
是不是都一哄而散了呢？

掛在嘴上的「夠朋友」，
卻是現實生活中的酒肉朋友，
可惜自己一昧地真心以待。
朋友之間要能臭味相投，
也要能彼此指正，
要珍惜把朋友的事包在自己身上，
又敢說真話的好友。

鹹魚雞丁豆腐煲

湊在一起的美味

食材

鹹魚……1 片
蒜……5 瓣
蔥……1 根
雞蛋豆腐……1 盒
雞胸肉……1 片
鹹蛋……2 顆
太白粉……少許

調味料

米酒……10cc
糖……5 g
水……100 cc

醃料

米酒……10 cc
醬油……10 cc

步驟

1. 鹹魚去除魚刺後切丁，蒜切末，蔥斜切，備用。
2. 雞蛋豆腐切塊，兩面煎至金黃，備用。
3. 雞胸肉切丁，加入醃料，靜置 10 分鐘入味後，先炒至九分熟起鍋備用。
4. 將鹹蛋黃與鹹蛋白分開，取 2 顆蛋黃、1 顆蛋白分別切碎。
5. 起油鍋，炒鹹蛋黃至起泡，加入鹹魚丁、雞丁、蒜末拌炒。
6. 加入米酒、糖和 1 顆鹹蛋白末，炒勻。
7. 加入雞蛋豆腐及 100 cc 的水，小火煨煮 10 分鐘。
8. 加入少許太白粉水，勾芡；起鍋前，放上蔥即可。

不敢亂跑的牛寶寶

被鎖定的目光

一轉頭就可以看到盯著的目光
自己就是被鎖定的標靶
那雙眼睛無時無刻不追焦
不管何時都躲不開、閃不掉
這是放不下的關心與愛啊

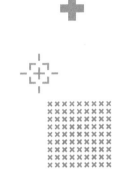

- 「大人是不是都會算命，不然怎麼很愛說『我就知道』。」
- 因為大人也是從小孩長大的嘛，很多事都經歷過。
- 「大人很愛講：『就跟你說了吧！』」
- 那是因為大人講了很多次，小朋友都沒有在聽啊。
- 「為什麼不讓小朋友試試看，就要先說不可以？」
- 那是因為大人知道後果是什麼，要避免小朋友受傷嘛。

是不是也變成很愛嘮叨的大人了？
以前一天到晚聽到的那些警告，
現在變成自己的口頭禪：
「再這樣試試看！」、「不可以，危險！」、「怎麼講不聽呢？」……

小時候很討厭聽到「嘖」的一聲，
那是在大人還沒拿起棍子前的
出聲提醒。
每次想要來點新鮮的實驗，
一轉頭就會發現遠處緊盯的目光，
即使是在祕密基地，
擺脫不掉也無處躲藏。

開始要負起照顧小小孩責任的年紀，
終於懂得為什麼
大人很愛逼小孩去睡覺，
那時大人都說
要早點睡覺才會長高，
根本是制止大家吵鬧；
那些比賽誰先說話
誰就輸了的小遊戲，
真的是歷久不衰的育兒訣竅。

現在，什麼都要靠自己了，
沒有防摔跤的軟墊，
沒有錯誤發生前的及時叮嚀，
出了家門，每個環節都是生存遊戲，
如果成為靶心
還代表自己有點能力，
最慘的是變成權謀之下
犧牲的炮灰。
想念以前「不可以，危險」的提醒，
現在想要預測未來只能去擲爻。

炸起司地瓜小圓餅

牽絲的綿綿心意

食材

地瓜……3 條
地瓜粉……50 g
糖……20 g
馬茲瑞拉起司……適量

步驟

1. 將地瓜去皮、蒸熟。
2. 蒸熟的地瓜壓成泥，加入地瓜粉、糖拌勻。
3. 將地瓜糰平均揉成多個小糰，每個小糰約 25 g，中間加入馬茲瑞拉起司，再壓成圓餅狀。
4. 起油鍋約 160 度，將地瓜圓餅翻炸均勻之後，即可起鍋。

大白鴨與小黃狗

像家人一般的依賴

超級喜歡的感覺

雖然沒有家人的血緣

總是滿滿的疼愛

在需要的時刻

像超人一般的存在

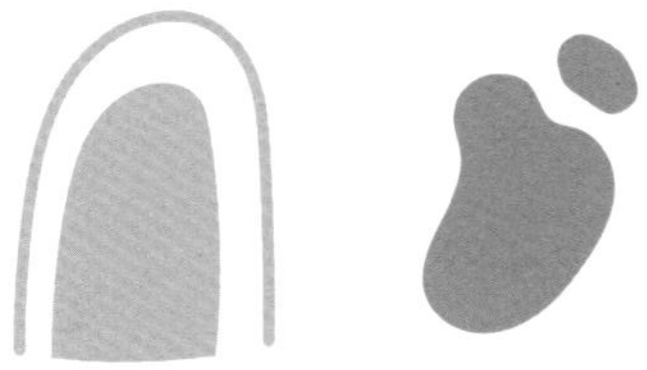

- 「一定要是家人，才會感情很好嗎？」
- 不一定啊，有的時候沒有血緣關係，反而更加親密。
- 「覺得保姆很可憐耶……」
- 為什麼會覺得很可憐？
- 「因為在小朋友長大之後，就要分開了。」
- 的確是這樣，所以不要忘記她們的付出啊！

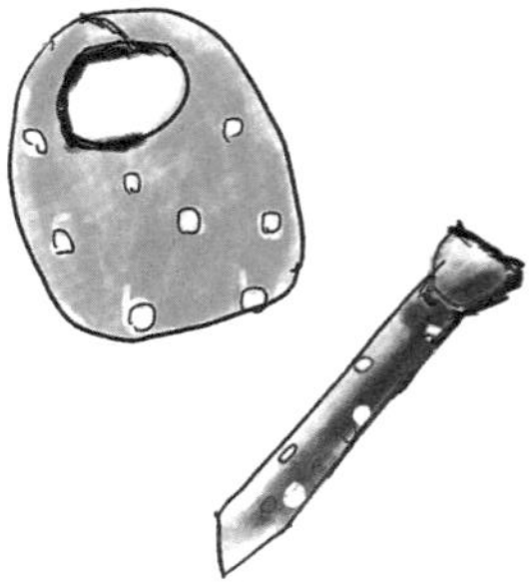

多難得的幸福，
可以遇到真心真意的愛，
和血緣不一定完全相干，
托嬰的保姆阿姨、幼兒園的老師、
安親班的大姊姊，
在最需要陪伴和安全感的年紀，
用心守護著每個小小心靈，
那是當父母不在身邊時很重要的依賴。

村子口那間肉羹湯
不知道是不是已經收了，
可能老闆娘阿姨退休了吧。
以前下課都會順道去吃綜合羹，
老闆娘阿姨一開始臉臭臭地不愛講話，
突然有天她上菜的時候多了盤燙青菜，
她說：「女孩子要多吃青菜，
才不會便祕長痘痘。」
之後只要去吃，
她都會多送一些小菜或是香蕉、芭樂，
店裡若沒別的客人，
就會聽她說起因為要做生意，
小孩必須留在鄉下；
當阿公、阿嬤帶不動了，
只好請鄰居保姆幫忙，
每天收攤都要晚上九點多才能接小孩。
看到小孩在保姆家熟睡的模樣
她就很想哭，
不是因為覺得自己
沒辦法陪小孩很心酸，
而是很感謝保姆對小孩很好，
小孩有時候才會希望
待在保姆家不想回家。

也非常感謝老闆娘阿姨，
在那段課業壓力沉重的青春期，
讓小客人享受了被關心的綜合羹湯。

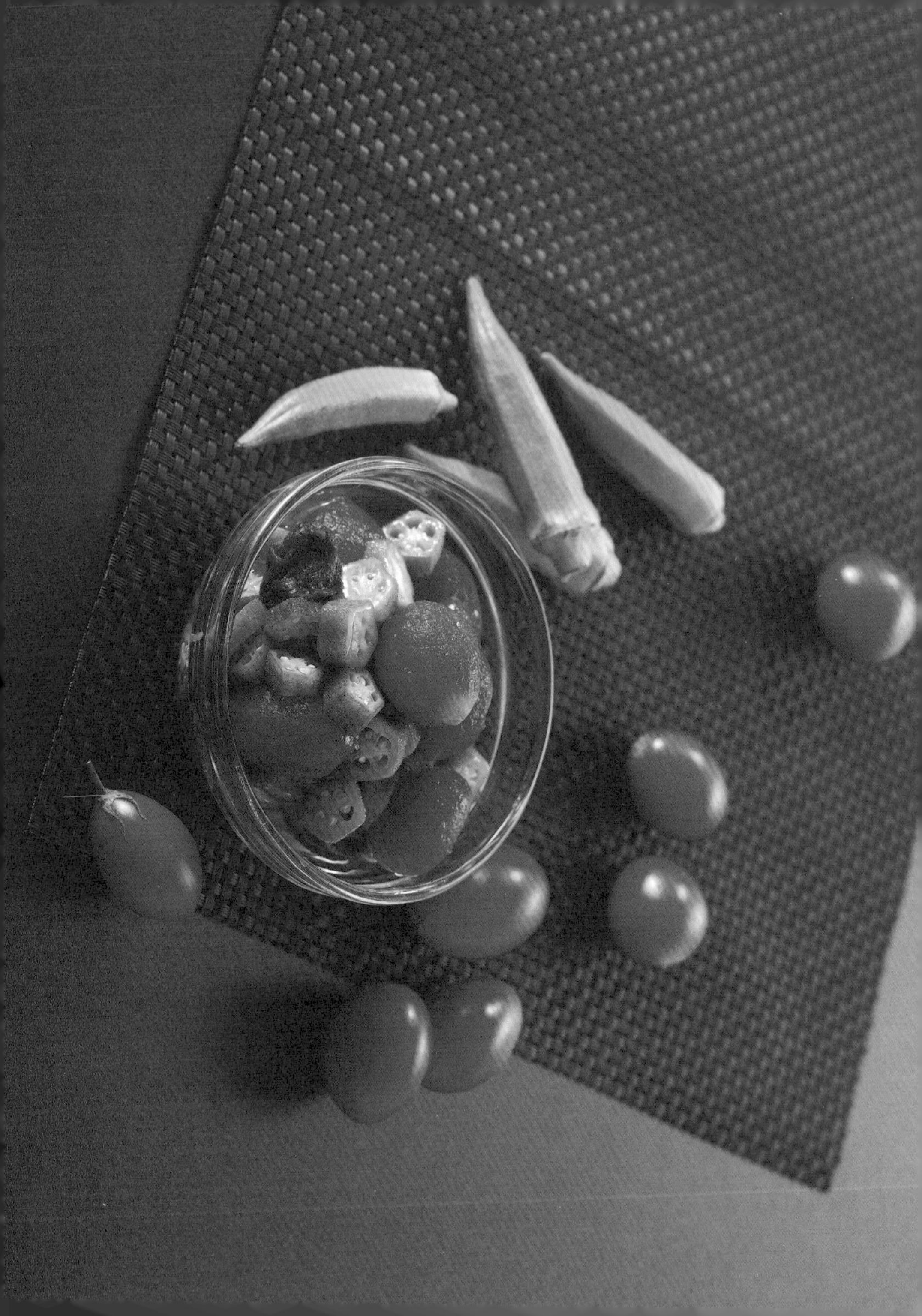

涼拌紹興梅秋葵番茄

怡人爽口的開胃小點

食材

小番茄……20 顆
秋葵……20 根
紹興梅……10 粒

調味料

蜂蜜……20 g
水果醋……120 cc
鹽……5 g

步驟

1. 小番茄尾端切十字，汆燙 1 分鐘後去皮，備用。
2. 秋葵汆燙後，切小段備用。
3. 將蜂蜜、水果醋、鹽拌入紹興梅、小番茄、秋葵中，靜置 3 ～ 4 小時，即可開動！

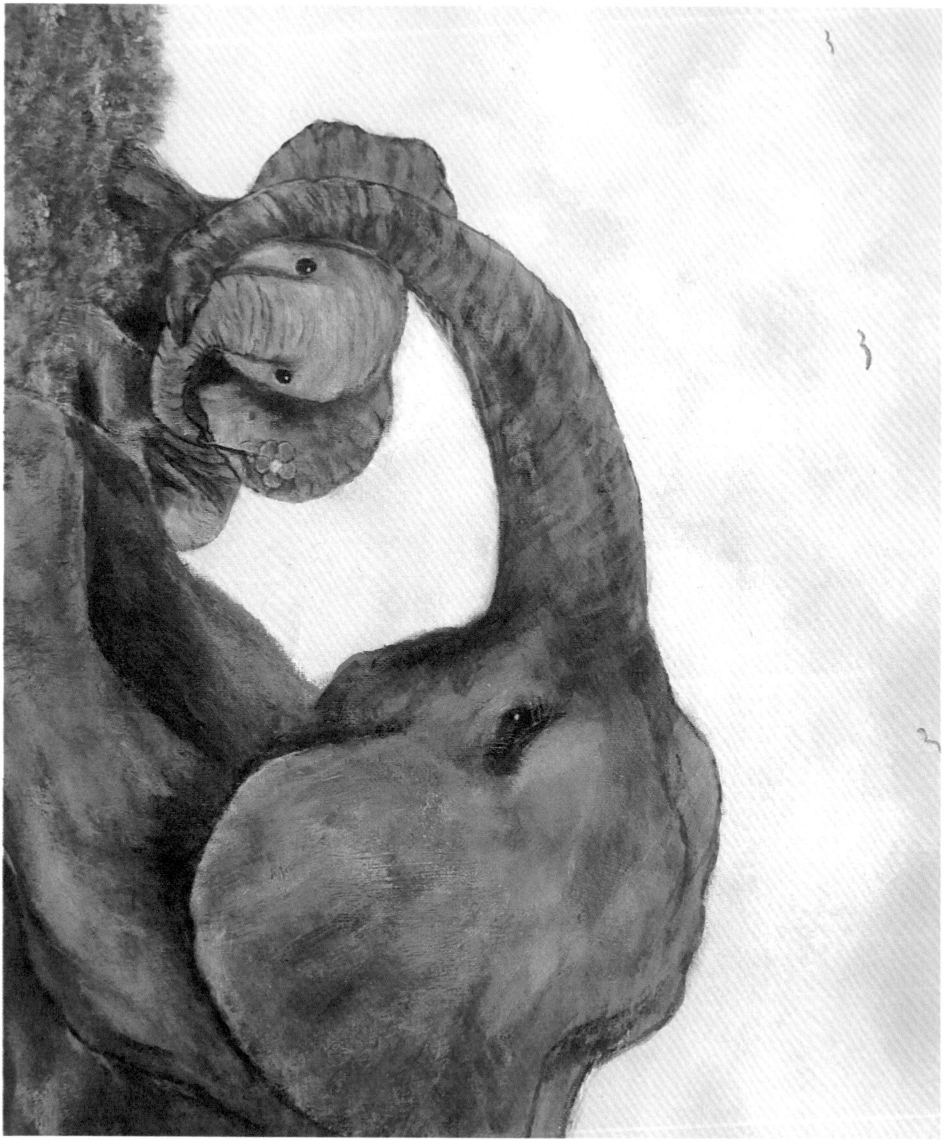

慈祥的大象媽媽

溫柔才是最有力量的訓誡

淡淡的語氣

軟軟的聲調

輕輕的安撫

說著最堅定的原則

溫柔卻有力量地表達

- 「溫柔是不是代表脾氣很好？」
- 應該是說代表個性很好，修養也很好。
- 「但個性很好是不是很容易被欺負？」
- 個性好是選擇不去和別人衝突，但不表示不會反擊。
- 「個性好是天生的吧？」
- 是與生俱來，也可以培養的，每一個情緒都是當下的決定。

世界是兇猛的，
如果是用懼怕的眼光看待；
生活是殘酷的，
如果是以悲觀的心情面對；
人心是難測的，
如果是拿迂迴的態度對待。

溫柔是需要累積的智慧，
聰明地將負面情緒反轉，
適時讓火爆的場面趨於平和，
委婉的口吻
依舊可以清楚傳達堅定的立場。
感情的交流都是互相影響，
每個情緒都是共振的，
好好說話，才能完整分享想法。

當目光相交的剎那間，
若都是帶著批判和抗爭的意念，
就不容易有好的收場。

人生的道路很長，
會遇到千奇百怪的突發狀況，
太極一般揉合進退，
不要在黑與白之間猛烈衝撞，
溫暖的問候能融化冰冷的心房，
柔和的語言會導正偏差的反抗，
溫柔是非常有力量的訓誡。
本來就沒有簡單的世事，
但可以聰明決定用什麼態度、方法，
逆勢而上。

什錦五花肉片鍋

順心順口的那碗熱湯

食材

豬排骨（煮湯用）……1 盒
水……500 cc
蒜……5 瓣
蔥……1 根
薑……1 小片
辣椒……1 小根
五花肉片……200 g
油豆腐……1 盒
小白菜……1 把
甜不辣……100 g

調味料

米酒……10cc
糖……3 g
醬油……10 cc
鹽……1 小匙
香油……少許

步驟

1. 豬排骨加入 500 cc 水，熬出高湯（約 40 分鐘）備用。
2. 蒜、蔥、薑切末，辣椒切片，備用。
3. 將蒜末、蔥末及薑末爆香，再將五花肉片入鍋翻炒。
4. 加入豬骨高湯、米酒、糖、醬油、鹽，以及油豆腐、小白菜、甜不辣、辣椒，煮沸。
5. 起鍋前幾上幾滴香油，即可上桌！

雨中的小黃狗

那天放不下的牽掛

那天看你坐在水窪裡

是在玩水嗎

靠近才發現是虛弱地站不起來

鋪了墊子又遞上包子

到現在都還掛念著雨中發抖的你

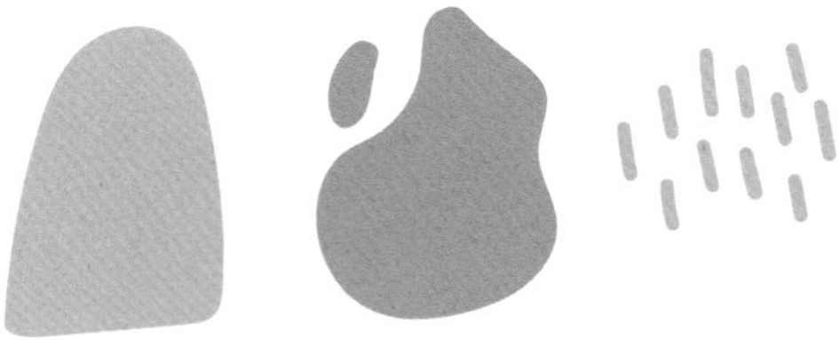

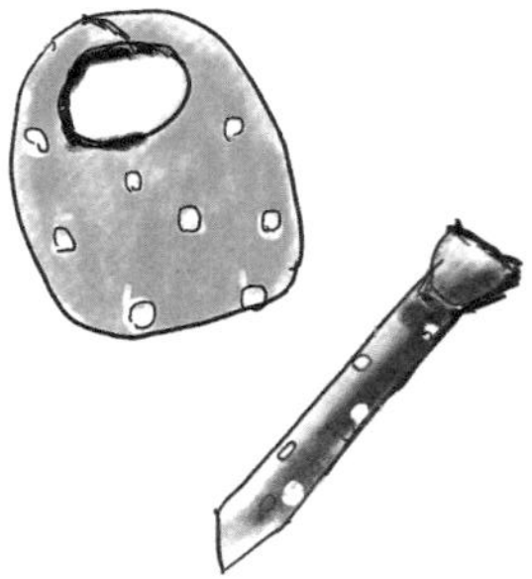

- 「同情心是什麼啊？」
- 就是看到需要幫助的人或小動物，會有憐憫的感覺。
- 「那大家都有同情心嗎？」
- 每個行動都是自己的選擇，善良也是。
- 「幫助人家會得到什麼好處嗎？」
- 得到好處？這不是需要考慮的吧，同情別人的遭遇，
  在能力範圍內伸出援手，當自己有什麼狀況時，
  也會期待得到幫助啊！當然，懂得感恩也是自己的選擇！

雨中的小黃狗啊，
這些年都還好嗎？
每當再次經過那時的小樹林，
都仍不自禁搜尋你的身影，
想起那時你警戒地吃了
其中一個小肉包，
然後很努力地撐起身子，
叼起另一個往樹林裡一跛一跛走去。

本來想要不要跟著你，
擔心體力不支倒在沒人發現的
樹叢怎麼辦……

但看你心急地拖著步伐離開，
猜想是不是有同伴在等你？
還是孩子們盼著你帶回食物呢？

同情也是某種程度上的同理心吧？
不一定是物質上的援助，
當感受到對方心理上的消沉，
適時的問候、關心，是激流中的浮木。
好久不見的朋友，你呢？
這些年，都還好嗎？

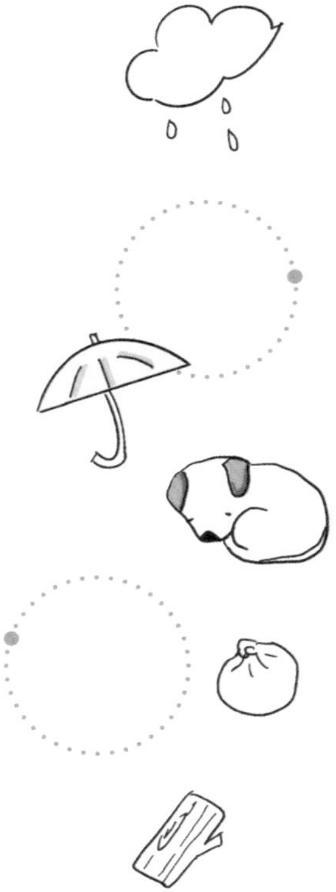

煎山藥牛肉捲

稠稠的美味想念

食材

山藥……半根
牛肉片……200 g
蒜……3 瓣

調味料

檸檬……1 顆
鹽……1 小匙
糖……10 g
羅勒葉……適量

步驟

1. 山藥削皮後，切成條狀。
2. 蒜切末，檸檬擠汁，備用。
3. 取 1 片牛肉片，放上 3 根山藥條後捲起；重複製作多條牛肉捲，備用。
4. 爆香蒜末，將牛肉捲陸續入鍋。
5. 將煎熟的牛肉捲起鍋，撒上羅勒葉。
6. 將檸檬汁、鹽、糖拌勻融合，搭配煎山藥牛肉捲食用即可。

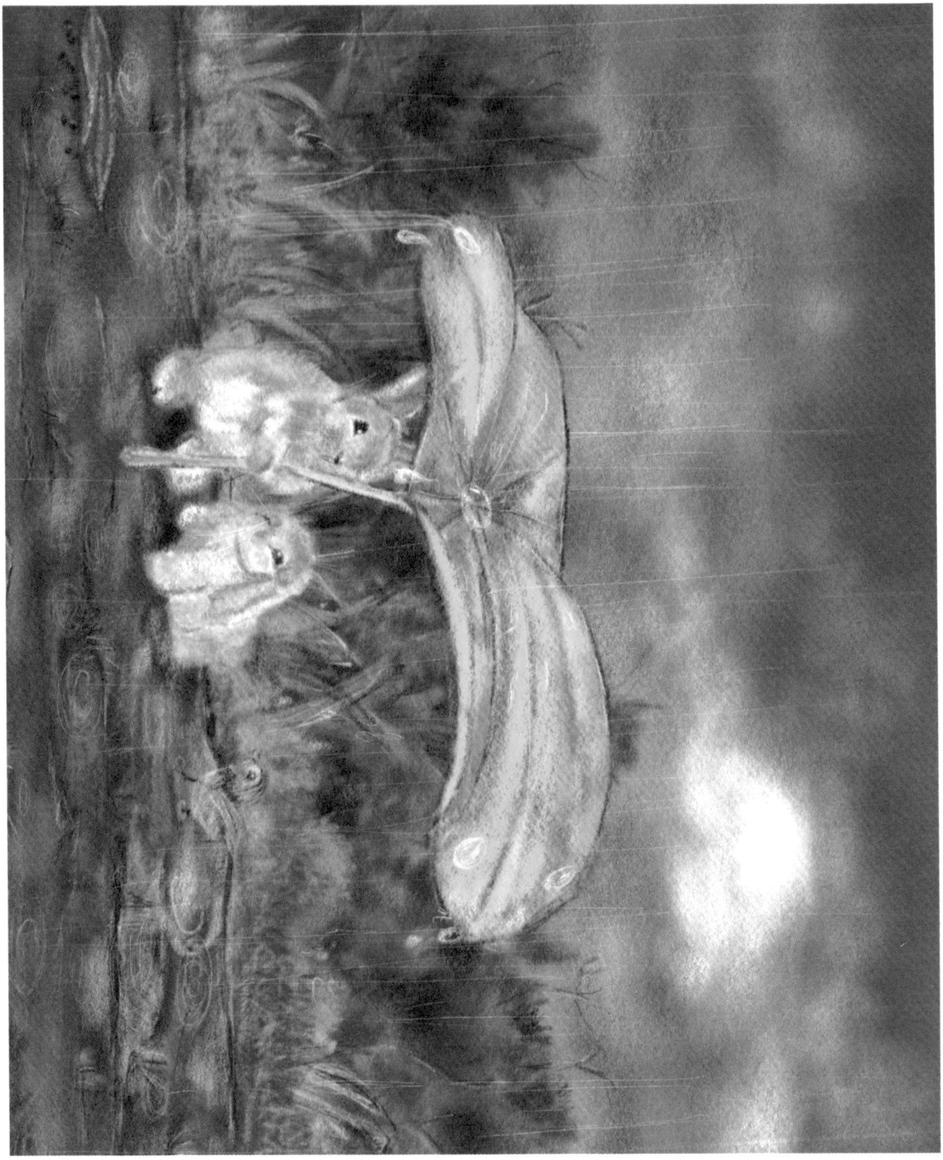

撐起大傘的小兔子

快進來，不要淋濕了！

旦夕禍福轉瞬之間
總有不測風雲的時刻
及時伸出援手
助人解決燃眉之急
不論是否利己

「幫助別人是施捨嗎？」

要看對施捨的定義如何，不能抱持著有幫助別人的能力，
就用高高在上的姿態。

「那幫忙會不會讓人討厭？」

很有可能，因為如果沒幫到需要解決的關鍵，就會變成多管閒事。

「那不幫忙就是不對的嗎？」

要看為什麼不願意幫忙？是覺得自己能力不夠？
還是覺得無利可圖？或是刻意避開？

是否也曾因為看似很小的一個舉動，
卻有了延續感動的故事？
也許素昧平生，
因為對方或自己發生了什麼，
解決了當下的難題與危機。

有次晚上帶著小外甥女等公車時，
看到一位喝醉的老婦人，
搖搖晃晃地在熙來攘往的
車道上大吼大叫，
抱怨生活的辛苦及友人的背叛，
路人和車子都盡可能閃過她，
但我看了快嚇死，
想過去抓她回到人行道上。
等公車的路人道：
「她又喝醉了啦，不用理她！」
看來這位老阿姨常常這樣。
但她居然一屁股坐在地上，
公車即將進站，實在不能放她在那裡，
一把將她揣進來，
要她到公園裡面去喊、去叫，
但她進公園不到幾分鐘，
又要衝回馬路，只好請表妹協助叫警察。

當時才五歲的小外甥女說：
「阿姨！她發瘋了，所以要叫警察哦？」
我說：「阿嬤喝醉了，請警察伯伯幫忙呀！
要是她坐在地上，公車壓到她怎麼辦？」

每個遇見，都是緣分，
若大家隨時都能有舉手之勞的協助，
生活中會有更多可愛的小悸動吧。
之後，三不五時等公車時，
仍會看到那個阿嬤在公園跟朋友喝酒，
但她心情好像好了一點，
因為她沒有咒罵，而且很大聲地在唱歌！

涼拌酸辣大頭菜

平凡中的酸辣滋味

食材

大頭菜……1 顆
蒜……10 瓣
蔥……1 根
辣椒……2 根
香菜……1 小把

調味料

糖……40 g
白醋……100 cc
鹽……10 g
水……50 cc

步驟

1. 大頭菜削皮後，切薄片備用。
2. 蒜、蔥、辣椒、香菜切碎，加入大頭菜薄片。
3. 再加入糖、白醋、鹽及水，均勻攪拌，靜置 2～3 小時即可。

那一次台中見面會，現場有位朋友提問：「如果可以回到過去，最想跟幾歲的自己說些什麼？」

在那當下有些愣住，因為當了廿多年的主持人，總是不斷地提問，其實不太熟練回答問題！

突然覺得很想哭，就好像瞬間回到小小孩的狀態；接著，眼前浮現的是即將上小學的那次生日，依舊無憂無慮的生日。

我回答那位朋友的提問：「應該是即將上小學的那個海裕芬，想提醒她，只要一上了小學，就等於進入了社會，要記得社會的規定必須配合；但別人的心意不要迎合，不需要勉強自己湊合，珍惜遇到的志同道合；然後，不用太期待天作之合，以及，學會奶奶的韭菜盒！」

也許說起來略為詼諧，但經歷過的是心酸。心疼每個小小的心靈在多少的失落挫折中，逼自己抹去眼淚，在大大的世界裡融入、堅強。

您呢？——如果可以回到過去，最想跟幾歲的自己說些什麼？

大好時光 64

我，好嗎？

走入海芬的深夜小廚，佐一道香酸鹹辣人生百味

作　　者：海裕芬
繪　　圖：海裕芬
主　　編：俞聖柔
校　　對：俞聖柔、海裕芬
封面設計：之一設計／鄭婷之
美術設計：之一設計／鄭婷之 、Leah
攝　　影：紅角品牌形象廣告有限公司

發 行 人：洪祺祥
副總經理：洪偉傑
副總編輯：謝美玲
法律顧問：建大法律事務所
財務顧問：高威會計師事務所
出　　版：日月文化出版股份有限公司
製　　作：大好書屋
地　　址：台北市信義路三段 151 號 8 樓
電　　話：(02)2708-5509　傳　　真：(02)2708-6157
客服信箱：service@heliopolis.com.tw
網　　址：www.heliopolis.com.tw
郵撥帳號：19716071 日月文化出版股份有限公司

總 經 銷：聯合發行股份有限公司
電　　話：(02)2917-8022　傳　　真：(02)2915-7212
印　　刷：軒承彩色印刷製版股份有限公司
初　　版：2023 年 1 月
定　　價：420 元
I S B N：978-626-7238-21-9

國家圖書館出版品預行編目資料

我，好嗎？：走入海芬的深夜小廚，佐一道香酸鹹辣人生百味
/ 海裕芬著 . -- 初版 . -- 臺北市 : 日月文化出版股份有限公司，
2023.1
208 面 ; 21*14.7 公分 . -- (大好時光 ; 64)

ISBN978-626-7238-21-9（平裝）
1. 食譜
427.1　　111019981

感謝您購買《我，好嗎？》，112/01/05～112/04/15（以郵戳為憑），
請以正楷詳細填寫「讀者資料」並寄回本張「讀者回函卡」，即可參加抽獎，
將有機會獲得海裕芬親繪畫作一幅！

讀者資料（請以正楷填寫）

姓名：＿＿＿＿＿ 生日：＿＿年＿＿月＿＿日 性別：□男 □女

電話：（日）＿＿＿＿＿（夜）＿＿＿＿＿（手機）＿＿＿＿＿

電子信箱：（請務必填寫，以利及時通知訊息）＿＿＿＿＿

收件人地址：□□□＿＿＿＿＿

您從何處購買此書？＿＿＿＿＿縣/市＿＿＿＿＿書店

您的職業：□製造 □金融 □軍公教 □服務 □資訊 □傳播 □學生 □自由業 □其他

您從何處得知這本書的消息：□書店 □網路 □報紙 □雜誌 □廣播 □電視 □他人推薦

您通常以何種方式購書？□書店 □網路 □傳真訂購 □郵政劃撥 □其他

您對本書的評價：（1.非常滿意 2.滿意 3.普通 4.不滿意 5.非常不滿意）

書名＿＿＿ 內容＿＿＿ 封面設計＿＿＿ 版面編排＿＿＿ 文/譯筆＿＿＿

提供我們的建議？＿＿＿＿＿

注意事項

1. 如因資料填寫不完整及不正確以致無法聯絡者，視同放棄中獎資格，本公司有權另抽出替補名額。
2. 本活動贈品以實物為準，無法由中獎人挑選，亦不得折現或兌換其他獎品。
3. 本活動所有抽獎與兌換獎品，僅郵寄至台、澎、金、馬地區，不處理郵寄獎品至海外之事宜。
4. 對於您所提供予本公司之個人資料，將依個人資料保護法之規定使用、保管，並維護您的隱私權。

贈品介紹

得獎名單將於 112/04/30 公布在大好書屋 Facebook
https://www.facebook.com/dahaubooks

贈品將於 112/05/10 前（不含假日）寄出

海裕芬親繪「享受獨處」畫作
（不同主題共 10 幅，隨機贈送）

廣告回函
台灣北區郵政管理局登記證
北台字第 000370 號
免貼郵票

日月文化集團
HELIOPOLIS
CULTURE GROUP
客服專線 02-2708-5509
客服傳真 02-2708-6157
客服信箱 service@heliopolis.com.tw

日月文化集團 讀者服務部 收

10658 台北市信義路三段151號8樓

對折黏貼後，即可直接郵寄

日月文化網址：**www.heliopolis.com.tw**

最新消息、活動，請參考 FB 粉絲團

大量訂購，另有折扣優惠，請洽客服中心（詳見本頁上方所示連絡方式）。

大好書屋　寶鼎出版　山岳文化

EZ TALK　EZ Japan　EZ Korea

大好書屋・寶鼎出版・山岳文化・洪圖出版

EZ叢書館　EZKorea　EZTALK　EZJapan